时代楼盘 158

房地产开发设计选材平台　TIMES HOUSE

金盘地产传媒有限公司主编　广州市乐居地产市场策划有限公司编

货值最大化

南方出版传媒
广东经济出版社
—广州—

杭州合景映月台
建筑设计：水石设计

封面

图书在版编目（CIP）数据

货值最大化 / 金盘地产传媒有限公司主编；广州市乐居地产市场策划有限公司编. -- 广州：广东经济出版社，2018.2

（时代楼盘）

ISBN 978-7-5454-5975-3

Ⅰ.①货… Ⅱ.①金… ②广… Ⅲ.①住宅 - 建筑设计 - 研究 - 中国 Ⅳ.①TU241

中国版本图书馆CIP数据核字[2017]第303734号

Huozhi Zuidahua

策　划：广州市乐居地产市场策划有限公司

出版发行：广东经济出版社有限公司
　　　　　〔广州市环市东路水荫路11号11～12楼〕
经　　销：广东新华发行集团
印　　刷：恒美印务（广州）有限公司
　　　　　〔广州市南沙区环市大道南334号〕
开　　本：965毫米×1270毫米　1/16
印　　张：9
版　　次：2018年2月第1版
印　　次：2018年2月第1次
书　　号：ISBN 978-7-5454-5975-3
定　　价：45.00元

备注：在分赛区评选中每获得一个奖项，店铺将增加1级奖章，总评中获奖再增加1级奖章；■图标表示1级，▌图标表示5级；店铺等级与品质等级以金盘网旗舰店获奖数据为准。

阳光城·云谷，佛山

山水比德
S.P.I LANDSCAPE
GROUP

山水比德，拥有"国家风景园林工程设计专项甲级资质"、"城乡规划乙级资质"，获得"全国园林十佳设计企业"、"十佳设计施工一体化企业"、"全国百强园林企业"等荣誉称号。精耕十年，我们以非凡的设计营造每一个诗意的空间，我们一直在寻找与我们秉持相同理念并全力以赴的志同道合者，共筑山水，用创新引领诗意栖居。

深圳奥雅设计股份有限公司
Http://www.aoya-hk.com
微信公众号：奥雅设计LA-2013

店铺等级　品质等级

广州市太合景观设计有限公司
Http://www.taihe-ld.com
微信公众号：太合景观

店铺等级　品质等级

阿拓拉斯（中国）规划设计
Http://www.atlachina.com.cn
微信公众号：阿拓拉斯规划设计

店铺等级　品质等级

澳大利亚·柏涛景观
Http://www.ptedesign.com
微信公众号：BotaoLandscape

店铺等级　品质等级

SED新西林景观国际
Http://www.sedgroup.com
微信公众号：SED2000

店铺等级　品质等级

重庆 城市景观规划设计有限公司
Http://www.cqlandiao.com
微信公众平台：CBULD123

店铺等级　品质等级

美国古兰规划与景观设计有限公司
深圳市古兰景观设计有限公司
Http://www.gulan.hk
微信公众号：Americangulan

店铺等级　品质等级

笛东规划设计股份有限公司
Http://www.ddonplan.com
微信公众号：DDON_PLAN

店铺等级　品质等级

墨刻景观 MEKE LANDSCAPE

上海墨刻景观工程有限公司
Http://www.meke-la.com
微信公众号：墨刻景观

店铺等级　品质等级

重庆/上海纬图景观设计有限公司
Http://www.wisto.com.cn
微信公众号：纬图景观

店铺等级　品质等级

三尚国际（香港）有限公司
Http://www.shinescapehk.com
微信公众号：shinescape

店铺等级　品质等级

美国到特景观咨询有限公司
Http://www.ddot-us.com
微信公众号：dDot到特景观设计

店铺等级　品质等级

博雅景观设计
BOYA LANDSCAPE DESIGN

深圳市博雅景观设计有限公司
Http://www.boya-cn.cn
微信公众号：boya2011215

店铺等级　品质等级

上海易亚源境景观设计有限公司
Http://www.yasdesign.cn
微信公众号：易亚源境

店铺等级　品质等级

上海易境景观规划设计有限公司
Http://www.egsdesign.com
微信公众号：上海易境设计

店铺等级　品质等级

四川乐道景观设计有限公司
微信公众号：乐道景观 leda0203

店铺等级　品质等级

伍鼎景观国际

上海伍鼎景观设计咨询有限公司
Http://www.landwd.com
微信公众号：伍鼎景观国际

店铺等级　品质等级

天人规划园境顾问服务有限公司
Http://www.pela.hk
微信公众号：天人规划园境顾问

店铺等级　品质等级

上海罗朗景观工程设计有限公司
Http://www.landseape-concept.com
微信公众号：laurent2006

店铺等级　品质等级

PleasantHouse 贝森豪斯

新加坡贝森豪斯设计事务所
Http://www.pleasanthouse-china.com
微信公众号：pleasanthouse-2014

店铺等级　品质等级

北京昂众同行建筑设计顾问有限责任公司
微信公众号：昂众设计

店铺等级

凯盛上景（北京）景观规划设计有限公司
Http://www.topscape.com.cn
微信公众号：上景设计

店铺等级　品质等级

安琦道尔（上海）环境规划建筑设计咨询有限公司
Http://www.hwa-design.com.cn
微信公众号：HWA安琦道尔

店铺等级

重庆佳联园林景观设计有限公司
Http://www.jialiansj.com
微信公众号：佳联设计

店铺等级

深圳市杰弗瑞景观设计有限公司
Http://www.jeffreysz.com
微信公众号：杰弗瑞设计

店铺等级

GVL怡境国际设计集团

GVL怡境国际设计集团
Http://www.gvlcn.com
微信公众号：GVL怡境景观

店铺等级　品质等级

深圳市希尔景观设计有限公司
Http://www.hill-scape.com
微信公众号：希尔景观

店铺等级

GND设计集团
Http://www.gnd.hk
微信公众号：GND设计集团

店铺等级

重庆联众园林景观设计有限公司
Http://www.cqlzjg.com
微信公众号：cqlzjg

店铺等级

水石设计作品
合肥铂悦庐州府

扫描二维码，直接进入相应公司的金盘网旗舰店

AIM亚美设计集团 AIM International
Http://www.aimgi.com
微信公众号：亚美设计集团

店铺等级

深圳市博万建筑设计事务所（普通合伙）
Http://www.szbowan.com
微信公众号：tel83714363

店铺等级

宝贤华瀚 BXHH DESIGN GROUP

广州宝贤华瀚建筑工程设计有限公司
Guangzhou BXHH Architects & Engineers
微信公众号：宝贤华瀚建筑工程设计有限公司

店铺等级 品质等级

DECO LAND

澳大利亚道克建筑设计有限公司
Http://www.deco-land.com
微信公众号：decco-land

店铺等级

DF

DF国际设计机构
Http://www.DF-ART.com
微信公众号：DF_DESIGN

店铺等级

HYN 汉方源建筑设计

澳大利亚 HYN 建筑设计顾问有限公司
深圳市汉方源建筑设计顾问有限公司
Http://www.hyndesign.com

店铺等级

ag ATELIER GLOBAL

香港汇创国际建筑设计有限公司
Http://www.atelier-global.com
微信公众号：gh_98ae3ead8eee

店铺等级

纬纶建筑 Win-land Architecture

广州市纬纶建筑设计有限公司
Http://www.win-land.com
微信公众号：Win-land

店铺等级

AAI 国际建筑师事务所 加拿大 ALLIED ARCHITECTS INTERNATIONAL

AAI国际建筑师事务所（加拿大）
Http://www.aai-arch.com
微信公众号：AAI国际建筑

店铺等级

SUNLAY 三磊设计

北京三磊建筑设计有限公司
Http://www.sunlay.cn
微信公众号：sunlaydesign

店铺等级

GD GD Consulting Ltd.

GD国际咨询有限公司
微信公众号：GD国际咨询

店铺等级

ECD 卓创国际 Architects（Int'）Ltd. 甲级证书号/A15000 3162

重庆卓创国际工程设计有限公司
Http://www.ecd.com.cn
微信公众号：ECD卓创国际

店铺等级 品质等级

澳华虹图 AU-SINO

AU-SINO澳华虹图设计机构
Http://www.au-sino.com
微信公众号：AUSINO澳华虹图

店铺等级

华洲国际

上海恒宇华州建筑景观设计有限公司
浙江华洲国际有限公司成都分公司
http://www.hzgj.com.cn/
微信公众号：浙江华洲国际有限公司成都分公司

店铺等级

上海大橼建筑设计事务所
Http://www.dca.sh.cn
微信公众号：大橼设计

店铺等级 品质等级

ZOE 产业地产设计专家

北京宗禹建筑设计有限公司
Http://www.u-zoe.com
微信公众号：ZOE建筑事务所

店铺等级 品质等级

伍鼎景观国际

上海伍鼎景观设计咨询有限公司
Http://www.landwd.com
微信公众号：伍鼎景观国际

店铺等级

ZTA 中泰设计

中泰联合设计股份有限公司
Http://www.ccddesign.com.cn
微信公众号：ZTA中泰设计

店铺等级

漢森伯盛 SHING & PARTNERS® 國際設計集團 SINCE 1993

汉森伯盛国际设计集团
Http://www.spdg.hk
微信公众号：汉森伯盛

店铺等级 品质等级

原构 Architects & Consultants

原构国际设计顾问
Http://www.yuangou.design
微信公众号：原构

店铺等级 品质等级

弘石设计 HONGSHI DESIGN+

北京弘石嘉业建筑设计有限公司
Http://www.hongshidesign.com
微信公众号：弘石设计HSD

店铺等级

isola planning 伊佐然建筑设计有限公司

伊佐然建筑设计（福州）有限公司
Http://www.isolachina.com
微信公众号：伊佐然建筑设计

店铺等级

RUF 睿风设计 rufarchitects.com

上海睿风建筑设计咨询有限公司
Http://www.ruffarchitects.com
微信公众号：睿风设计

店铺等级 品质等级

PBA 佰邦建筑 P.B.A ARCHITECTURE

深圳市佰邦建筑设计顾问有限公司
Http://www.pba-arch.com
微信公众号：佰邦建筑PBA-baibang

店铺等级

C&Y 开朴艺洲

C&Y开朴艺洲设计机构
Http://www.cyarchi.com
微信公众号：开朴艺洲 capa-yizhou

店铺等级

寻引建筑设计 X.Y.Archi.

北京寻引建筑设计有限公司
Http://www.xyarchi.com
微信公众号：寻引建筑

店铺等级 品质等级

扫描二维码，直接进入相应公司的金盘网旗舰店

MANTU INTERIOR ARCHITECTS | DESIGN LTD

上海曼图室内设计有限公司
Http://www.mantu-m2.com
微信公众号：曼图设计

店铺等级 品质等级

CLSTLEVLE

赛拉维室内装饰设计（天津）有限公司
微信公众号：clv-design

店铺等级 品质等级

上海意嘉丰建筑装饰有限公司
Http://www.sh-archi.com
微信公众号：意嘉丰设计机构

店铺等级 品质等级

印象空间 IMPRESSION SPACE

印象空间（深圳）室内设计有限公司
Http://szyxkj.com.cn
微信公众号：深圳印象空间

店铺等级

serendipper 赛瑞迪普

北京赛瑞迪普空间设计有限公司
http://serendipper.cn
微信公众号：serendipper_

店铺等级

SLm

上海尚么建筑灯光设计有限公司
Http://www.sum-lightingdesign.com

店铺等级

时代楼盘

房地产开发设计选材平台　TIMES HOUSE

— 158辑 —

CONTENTS目录

货值最大化

长沙绿地之窗
规划与建筑设计：上海一砼建筑规划设计有限公司

碧桂园
Http://www.bgy.com.cn

绿地控股股份有限公司
Http://www.greenlandsc.com

万科企业股份有限公司
Http://www.vanke.com

旭辉集团
Http://www.cifi.com.cn

龙湖地产
Http://www.longfor.com

广州富力地产股份有限公司
Http://www.rfchina.com

正商地产
Http://www.zensun.com.cn

龙光地产控股有限公司
Http://www.loganestate.com

金地集团
Http://www.gemdale.com

中国金茂
Http://www.franshion.com

苏州圆融发展集团有限公司
Http://www.szharmony.com

东旭鸿基地产集团

云南德润城市投资发展有限公司
Http://www.takyun.com

美的地产集团
Http://www.mideadc.com

上海北大资源地产有限公司
Http://www.pkurg.com/

万达集团
Http://www.wanda.cn

WY 国际设计机构
广州市德隽建筑设计顾问有限公司
Http://www.wydesign1996.com

北京市住宅建筑设计研究院有限公司
Http://www.zzjz.com

KLID达观国际设计事务所
微信公众号：KLID_DESIGN

深圳太合南方建筑室内设计事务所
Http://www.szthnf.com/index.asp

吕元祥建筑师事务所
Http://www.rlphk.com

广州大石馆文化创意股份有限公司
Http://www.emgstone.com

广州市米伽建筑材料科技有限公司
Http://www.gzmega.cn

佛山欧神诺陶瓷股份有限公司
Http://www.oceano.com.cn

环球石材(东莞)股份有限公司
Http://www.umgg.biz

中国陶瓷总部选材中心
Http://xc.ccih.cn

金盘建材 Kinpan.com
房地产开发设计选材平台
Http://www.kinpan.com/material

上海新城上坤樾山·明月
建筑设计：上海齐越建筑设计有限公司
景观设计：HZS滙张思

P/058

P/090

P/098

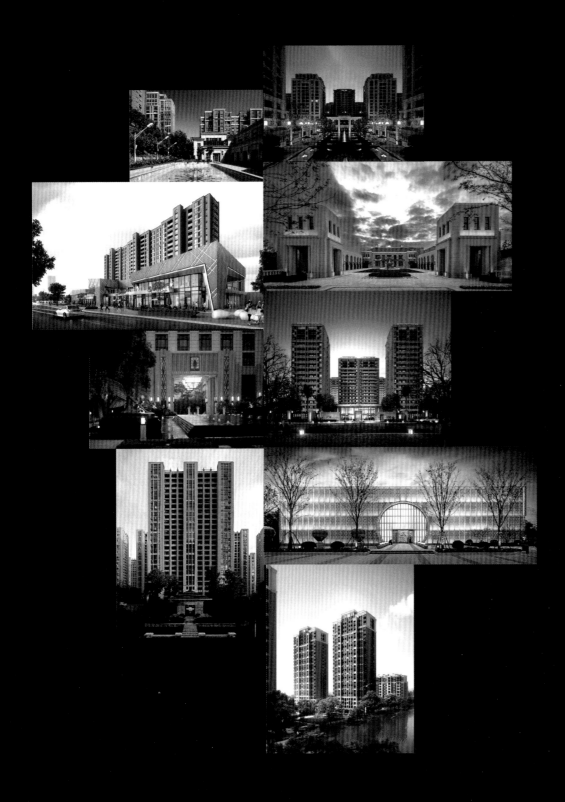

万科·都易
深度战略合作

26 个万科作品

www.dotint.com.cn

TEL / +8621-3250 3750　　FAX / +8621-3250 3950

ADD / 上海市淮海西路666号中山万博国际中心11楼

市场：+86 21-3250 3750转1020 孟先生

编辑团队

总策划：康建国
主　编：黄一霜
责任编辑：谭　莉
责任技编：谢　莹
策划编辑：高雪梅
文字编辑：郭飞鸽
美术编辑：刘小川
稿件征集组：谢雪婷　张锦婵　黄桂芬　王东宁

合作咨询

刘威\先生　咨询电话：13539780650
投诉及建议：13539780650
地址：广州市天河区科韵中路119号金悦大厦610-611室

营销团队

华东地区 \ 联系人：李华\先生　咨询电话：13585756278
地址：上海市徐汇区田林路140弄1号楼3F
华北及东北地区 \ 联系人：王会\女士　咨询电话：13552596031
地址：北京市西城区展览馆路12号B座41A
深圳及华南地区 \ 联系人：杨彦培\先生　咨询电话：13530897892
地址：广东省深圳市福田区沙头街道车公庙皇冠工业区5栋202室
广州及华南地区 \ 联系人：刘威\先生　咨询电话：13539780650
地址：广州市天河区科韵中路119号金悦大厦610-611室
重庆及西北地区 \ 联系人：刘威\先生　咨询电话：13539780650
成都地区 \ 联系人：刘威\先生　咨询电话：13539780650
地址：广州市天河区科韵中路119号金悦大厦610-611室

《时代楼盘》稿件采编负责人：谢雪婷\女士
咨询电话：18011985134

摄影合作

上海禧山映像文化传播有限公司
联系人：李鹏　咨询电话：15000190090
网址：www.xisan.net
地址：上海市业辉路222弄北竿山国际艺术中心168号

广州思维影像广告摄影
联系人：邓先生　咨询电话：020-28948870　13076700460
网址：www.020FoTo.com
地址：广州市海珠区昌岗中路162号联星创意园D区307-308室

上海复胤摄影服务有限公司
联系人：张全（华东区域摄影师）
网址：www.shggou.com
咨询电话：13636601896　邮箱：poimer@qq.com
地址：江苏昆山花桥和丰路333弄3号613

深圳市柏瑞文化传播有限公司
融合艺术与专业素养，致力于为客户提供高品质的专业影像服务。
联系电话：+86 135 1020 6165 张先生，+86 139 2523 0363 魏小姐

金盘平台服务板块

P/112

景观 | Landscape

金盘空间 | Kinpan Space

高端访谈 | Top Interview

DESIGN CREATE VALUE

网站：www.hyp-arch.com

霍普股份
HYP-ARCH DESIGN

微信公众号：霍普股份　　公司地址：中国上海浦东新区芳甸路1155号浦东嘉里城办公楼4201 [201204]
公司电话：+86(21) 58783137、68590505　　市场联系：+86(21) 58783137-6032　hypbd@hyp-arch.com
人事联系：+86(21) 58783137-6001　hyphr@hyp-arch.com　　品牌联系：+86(21) 58783137-6011　branding@hyp-arch.com

货值最大化策略

　　地产项目的货值就是项目预计的销售收入金额，是开发商衡量地产项目方案合适与否的最主要指标。从货值的形成来看，项目研发阶段其实形成了项目总货值的 90%，而项目的总图阶段则决定了项目总货值的 80%，而且总图决定项目景观的构架与格局。因此，开发商在总图阶段就要认真规划和创新，追求项目货值最大化。总图规划既可以保证利润，又可以控制项目执行时的收入损失和其他风险，让货值最大化更加可控和可实现。

用足指标

　　用足指标主要指容积率和建筑密度，是房地产开发追求最大货值的基本策略。容积率又称建筑面积毛密度，是指一个小区的地上总建筑面积与用地面积的比值。容积率是衡量建设用地使用强度的一项重要指标。对于开发商来说，容积率决定地价成本在房屋中占的比例。损失可销售部分的容积率等于放弃一部分利润。随着土地成本越来越高，用足容积率是每个设计师都知道的常识。影响容积率的客观因素有日照规范、间距要求、退红要求、限高要求等，此外还要考虑产品定位、不利地块的利用度等因素。

　　建筑密度是指项目用地范围内所有建筑的基底总面积与规划建设用地面积之比，即建筑物的覆盖率，可以反映出一定用地范围内的空地率和建筑密集程度。用尽密度指标意味着充分发挥底层的溢价空间，提升高溢价底层产品的比例。溢价主要体现在带庭院或花园的首层户型，还有地段好的沿街底层商业，商业的溢价能力一般比住宅高。

　　除了容积率和建筑密度，用足指标还意味着最大化可售面积，以及用尽规划法规的边界。前者即尽量不占用可售面积，配套公建按照符合规范的最小面积设计，而且能设置在地下就尽量设置在地下。后者则是在控制成本的基础上最大限度地挖掘政策不计面积的空间，作为赠送面积，同时最大限度地提高其利用率，从而带来销售溢价。

不平衡使用容积率

　　容积率的不平衡使用主要考虑目标客户的消费能力以及产品的溢价空间。由于不同产品的消费群体的购买力不同，

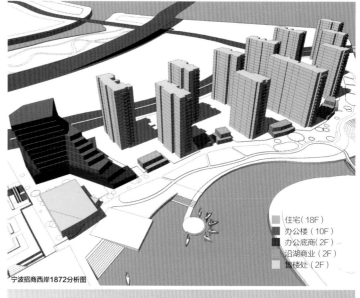

住宅（18F）
办公楼（10F）
办公底商（2F）
沿湖商业（2F）
售楼处（2F）

宁波招商西岸1872分析图

杭州合景映月台

苏州万科·湖西玲珑鸟瞰图

不同产品的溢价空间也不同。一般，刚需刚改产品主要是高层，其目标客户的购买力有限，溢价空间不高，因此该类产品要节省用地。改善型及豪华型产品主要是别墅或洋房，其目标客户的购买力远高于刚需客户，尽量占用最多的面积以及户型比例，提高溢价范围，从而有效地实现总货值最大化。

这种高低产品的不平衡分配正是业内人士推崇的"拉高拍低"的规划策略，主要应用在中大型的项目中。设计师在布置总图时需要结合用地指标、市场容量、客户需求、成本利润等因素进行业态组合模型推演，直至得出能很好平衡货值和品质的产品组合和总图布局。

提高景观资源利用率

景观资源一般分为外部景观资源与内部景观资源，为了实现货值最大化，产品设计要有效地利用所有景观资源，从而提高自身价值。外部景观资源通常指地块周围的自然资源，带来的溢价程度比内部景观资源高。

产品类型单一的项目一般是最大限度地增加能享受到景观资源的户型。产品类型丰富的项目则是让高溢价的高端产品最大限度地占用优质的景观资源，让建筑的高度跟建筑与景观的距离成正比。如果高端产品的市场接受度不高，项目可以提高景观视野更广阔的高层高端产品的比例和景观占有率，最大限度地提高总货值。然而，如果景观资源位于项目的南侧或北侧，考虑日照的因素，项目通常采用南低北高的规划布局。

用地规模大的项目还可以设计中心大景观，同时围绕中心景观合理布置产品，从而提高产品的价值。中心景观的大小可根据市场的接受程度和产品的溢价空间而定，景观设计可以通过多层次的绿化空间来形成小而精的景观环境。住宅周围的绿地也可以尽可能私有化，提高户型的私密性和利用面积，甚至还可以结合户型设计将底层绿地的价值辐射至更高层的户型。

产品类型升级

开发商还可以灵活运用间于两种业态的产品类型，以高一级的业态出售，提高溢价空间。成熟的房企或者设计公司甚至建立了自己的产品库，从产品到组团，都有成熟的模块可以复制，或分解或重组，速度快，风险低。

合院产品即是间于独栋别墅和联排别墅的类独栋别墅，在不折损容积率的基础上让每户拥有独立的院落空间，户型衔接时又通过布局解决对视问题，成为近几年备受推崇的别墅类产品。

本书收集了国内知名开发商和设计企业的住宅项目，通过分析其规划布局和产品配比的策略，推算货值提升的空间，揭示当下主流开发设计企业是如何实现货值最大化的，为读者提供具有参考价值的案例和思路。

品质生活　新城风范

长沙绿地之窗

第十三届金盘奖入围项目

上海一砼建筑规划设计有限公司
Http://www.yitongdesign.com

开发商：绿地控股长沙事业部 / 项目地址：长沙市雨花区香樟东路与黎托路交汇处西南角
规划与建筑设计：上海一砼建筑规划设计有限公司
占地面积：63 418平方米 / 建筑面积：186 845平方米
容积率：2.95 / 绿地率：30%
均价：待定

鸟瞰图

花园洋房效果图

区位图

长沙绿地之窗择址于长沙武广新城，紧扣"绿地之窗、城市之窗"的设计主题，遵循并有效利用场地高差，挖掘出能够提升货值的诸多方面，在设计时保证高水准、在展示时传递体验感、在建造时控制完成度，最终创造出一个高品质的新城生活样板。

专家点评

张亚楠

禹洲集团　设计管理中心　设计总监

长沙绿地之窗是汇集住宅、商业、办公等业态于一体的综合体，在武广新城打造一站式的生活圈。为了在高容积率的条件下兼顾住宅的品质和货值，项目着重从规划布局、户型设计、成品控制等方面下手，从规划到落地实现产品的货值最大化。

高层住宅效果图

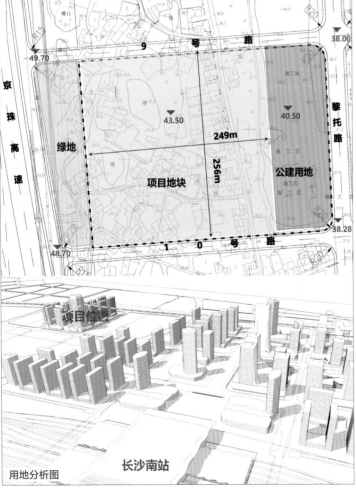

用地分析图

区位分析

长沙绿地之窗位于长沙市武广新城片区,此片区是城市大型交通枢纽新城,未来的城市副中心,拥有良好的发展前景。项目靠近长沙南站高铁站,是高铁站站前城市风貌展示的形象窗口,也是新生活方式的示范窗口。

定位策略

项目是绿地集团布局长沙武广新城的开篇之作,是集购物中心、时尚百货、甲级总部基地、国际创意公寓、潮流商业街、大都会洋房、城市高端住宅等功能于一体的地标综合体。

货值最大化策略

项目用地性质为居住用地,设计在满足规划设计条件的情况下,尽量保证小区的品质感和舒适性,在规划布局、景观体验、户型设计、样板房展示及成本控制多个方面提升价值,创造高货值的产品,在高容积率压力下保证了住宅品质及货值最大化。

一、规划布局——增加高溢价率产品

规划布局思路

1. 住宅全高层,幼儿园位于东南角: 住宅高度较高,靠近京珠高速一侧的住宅可以看到京珠高速,京珠高速的车流噪声也会对大量的端头户产生干扰,对住宅去化不利。而且,此种方案无溢价率高的产品,利润率不足,空间上也会稍显压抑,整个小区的品质感稍差。

2. 住宅为高层和多层洋房,幼儿园位于南侧中央: 利用地形高差减少受京珠高速影响的户数,增加溢价率高的产品,但高层区景观形成条形空间,缺乏特色。

3. 住宅为高层和多层洋房,幼儿园位于南侧中央: 利用京珠高速与场地的高差,在用地西侧布置花园洋房,减少视觉和噪声干扰,在东区布置高层住宅,高层区拥有近 1.5 万平方米中心花园,均好性好。整体增加了溢价率高的产品,使空间更加舒适,整个小区的品质感也有很大的提升。

规划布局结论

布局思路 3 整体格调好,景观空间更为舒适,加上较高的货值,成为进一步的方案设计的基础。

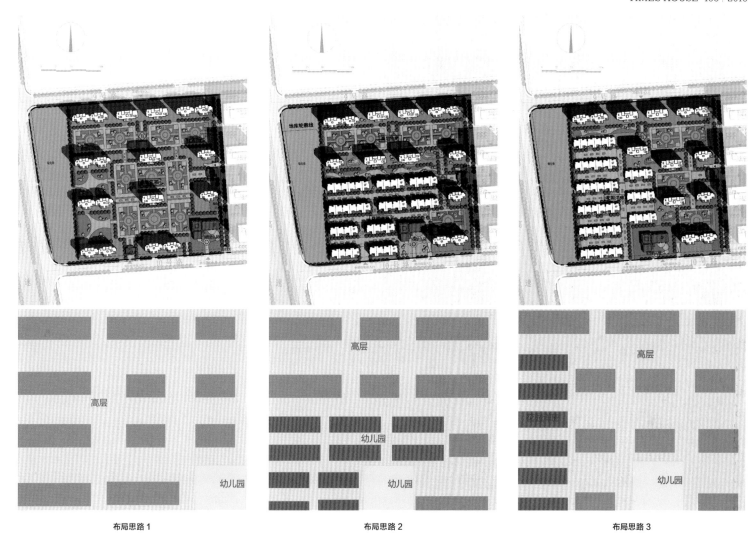

布局思路 1　　　　　　　　　　　　布局思路 2　　　　　　　　　　　　布局思路 3

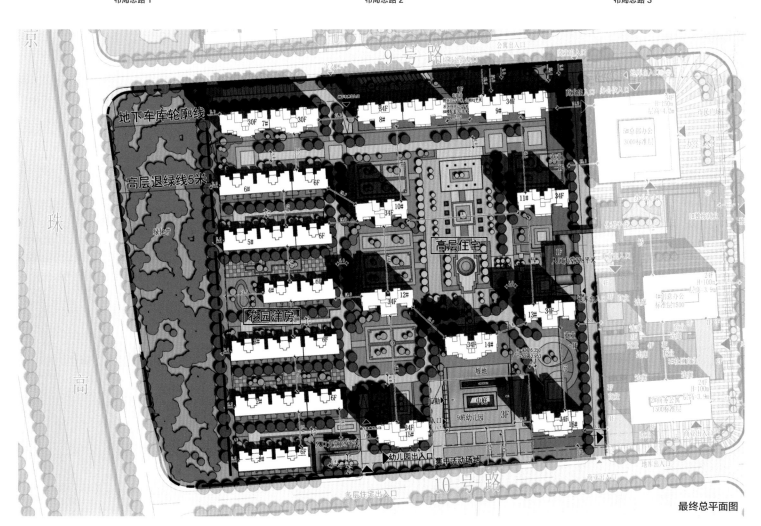

最终总平面图

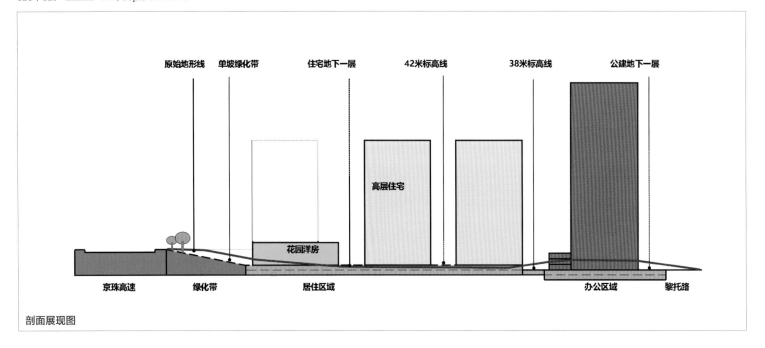

原始地形线　　单坡绿化带　　住宅地下一层　　42米标高线　　38米标高线　　公建地下一层

高层住宅

花园洋房

京珠高速　　　　绿化带　　　　　　居住区域　　　　　　　　　　　　　　办公区域　　　黎托路

剖面展现图

二、体验营造

营销展示中心： 围绕项目整体"绿地之窗、城市之窗"的定位，设计了一个有生命的多媒体售楼处，被绿地称为记录城市生活的城市之镜。

幼儿园设计： 利用场地高差，建设覆土建筑，让建筑与地势融合的同时，为住宅提供良好的景观视野，在生态节能技术方面也有突出的优势。

小区出入口： 花园洋房和高层区出入口相互独立，各自入户便利，且归属感较强，形成良好的入口体验。

景观打造： 以现代简洁的手法，营造出人与自然和谐交融的环境空间，步移景异，收合有度；划分多种主题空间，尺度宜人，功能丰富。

三、户型设计

花园洋房：采用创新的套型组合，实现了良好的入户体验及舒适的室内空间。

高层住宅：注重得房率及精细化设计，从使用者的角度出发，让设计尽可能实用。

花园洋房户型分析

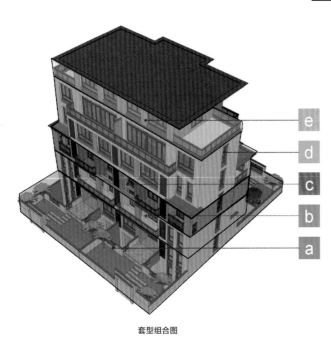

套型组合图

a：类别墅户型（南北大庭院，采光地下室）
b：类别墅户型（下沉庭院，采光地下室）
c：低总价、高赠送户型
d：大面宽、挑空客厅复式户型
e：360 度全景、独门独户大平层户型

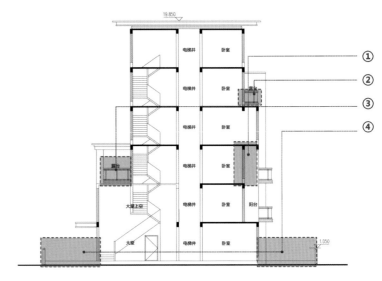

剖面分析图

①：半落地窗，0.4 米低窗台，2.3 米窗高，最大限度开窗。
②：通透玻璃栏板，简洁的栏杆构件。
③：阳光大露台。
④：绿化庭院，亲近自然，倡导都市健康生活。

地下一层户型图

一层户型图

a 户型（地下一层）
①：赠送南向 83 平方米地下室，利用腔体做楼梯，不计面积。
②：赠送 24 平方米下沉庭院，使地下室有充足的采光。

b 户型（地下一层）
①：赠送北向 38 平方米地下室，利用腔体做楼梯，不计面积。
②：赠送 18 平方米下沉庭院，使地下室有充足的采光。

a 户型（一层）
①：赠送南向 34 平方米入户庭院。

二层户型图

三层户型图

b 户型（二层）

①：赠送南北超大面宽、超大面积阳台，共计 20 平方米。

c 户型（三层）

①：户型面积最小，控制总价。

②：赠送南北超大面宽、超大面积阳台和露台，共计 27 平方米。

③：结合造型，阳台、露台均有结构圈顶，为后期功能延展预留可能性。

四、五层户型图

六层户型图

d 户型（四、五层复式）

①：8.4 米超大面宽双厅，6.4 米挑空。

②：赠送南北超大面宽、超大面积露台，共计 22 平方米。

③：上下双套房设计，满足大家庭的需求。

e 户型（六层大平层）

①：360 度全景，一梯一户大平层。

②：赠送超大面积露台，共计 40 平方米。

③：双套房设计，满足大家庭的需求。

高层住宅户型分析

赠送 10 平方米阳台空间，实现客厅南北通透，可变更为大型独立餐厅或完整房间

118 平方米 3+1 户型，充分利用山墙采光，节约南向面宽

75 平方米紧凑 2+1 户型，南向三开间、南北通风

赠送 4.86 平方米景观阳台，可改为书房或儿童房

106 平方米舒适 2+1 户型

竖向空调摆放，放大南向采光与景观面积

法国窗式站台，改善室内采光与视线条件

高层户型图

四、样板房展示

样板房完美展现户型设计，将设计想法及理念直接有效地传递给体验者。大平层的 360 度景观视野、上下双套房满足家庭的现实需求；赠送的地下室宽敞明亮，布置健身设施及家庭影院，搭配绿色植物，营造健康新潮的生活氛围。

五、成本控制

住宅建筑立面采用新典雅风格，为大众所欣赏，易于被市场和业主接受，并易于和各式风格混搭；柱式、窗套等主题重复性强，方便工厂预制安装，降低造价；选用材料施工在现阶段已非常成熟，无施工技术难点。

现代典雅 观景大宅
宁波招商西岸1872
第十三届金盘奖入围项目

上海霍普建筑设计事务所股份有限公司
Http://www.hyp-arch.com

上海易亚源境景观工程有限公司
Http://www.yasdesign.cn

开发商: 宁波江湾房地产开发有限公司 / 项目地址: 宁波市江北区湾头大桥东南侧靠近大闸路
建筑设计: 上海霍普建筑设计事务所股份有限公司 / 景观设计: 上海易亚源境景观工程有限公司
用地面积: 46 900平方米 / 建筑面积: 143 800平方米（住宅: 82 544平方米; 商业: 5 600平方米; 办公: 13 272平方米）
容积率: 2.2 / 绿化率: 30%
均价: 23 500元/平方米

宁波招商西岸 1872 位于宁波江北新城星湖片区，依傍星湖西岸，景观优越。项目是招商蛇口公园系 TOP 级产品，包含两个住宅地块和两个商办地块，整体规划设计以优越的星湖景观资源为出发点，融合现代典雅的建筑风格，赋予项目独一无二的价值。

鸟瞰图

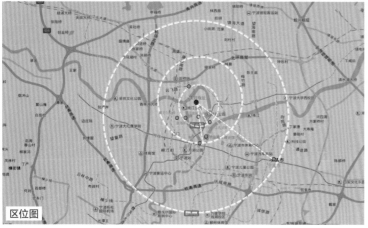

区位图

专家点评

刘玮

龙湖集团　景观副总经理

宁波招商西岸1872是集住宅、商业、办公于一体的综合体，打造完善的社区，并赋予项目多元的溢价可能。住宅项目在规划中结合不规则的地形，采用山墙错缝的手法以及户型设计，形成一、二线户型景观，将湖景加以最大化利用，并在总图布局允许的范围内，做到南向房间数量最大化，实现整体货值的最大化。

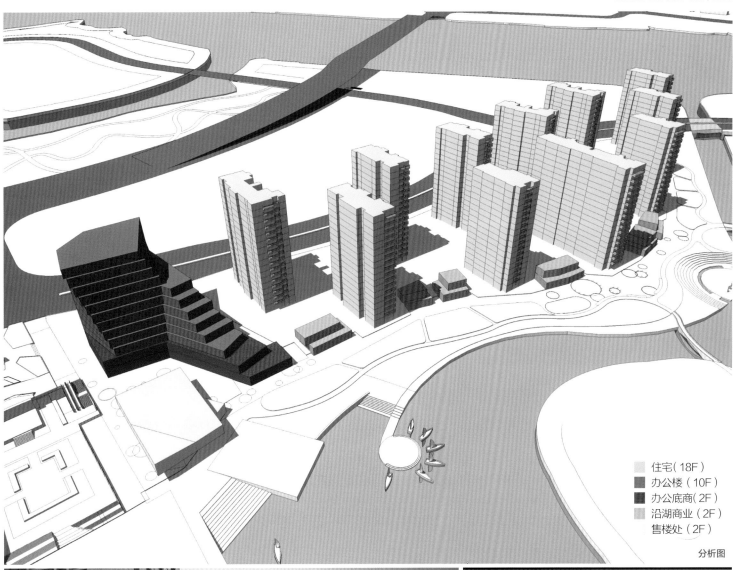

住宅（18F）
办公楼（10F）
办公底商（2F）
沿湖商业（2F）
售楼处（2F）

分析图

区位分析

宁波招商西岸 1872 位于宁波江北新城星湖片区，为甬城西北区域的门户，区位优势明显，交通便利。项目位于星湖西岸，环星湖新城西向空间轴线的两侧，是区域城市空间地标性的项目。

定位策略

项目贯彻建设"以人为本""尊重自然"、既适应现代生活又具有鲜明个性的人性化居住空间；尊重人性和自然规律，力求做到产品生态化、环境生态化、社区规划生态化，打造一个集休闲、运动健身、健康养生和生态居住为一体的社区。

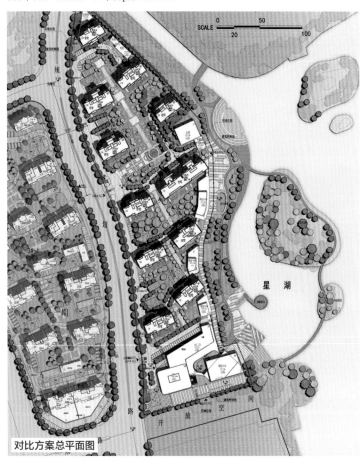

对比方案总平面图

货值最大化策略

项目集住宅、商业、办公于一体，在有限的土地范围内，实现资源配置最大化；并通过多次调整规划布局，充分利用景观，打造更多湖景房，从而提升货值。

住宅项目

住宅定位为高端住宅。单体设计适应现代生活方式，以舒适为原则，强调通透的生活空间。立面比例尺度适宜，统一中有一定变化，并充分考虑户型平面布局，注重细节，装饰适当。

整个项目包含两个住宅地块，而东北区住宅的东向一线临湖，南侧临轴线绿地，用地面积为 46 900 平方米，建筑容积率为 2.2，用地航空限高 60 米，以 18 层住宅产品为主。

项目的实施方案是通过规划强调户型资源的最大化利用，结合针对性的产品设计，满足货值最大化的要求。

户型资源配置

对比方案： 在项目不规则的用地上，采用较为惯常的强调轴线和仪式感空间的规划手法。然而，用地形状异型，整体规划空间并不完美。

实施方案： 根据市场调研，观景房单价可以提升 500-1000 元／平方米。为了使更多的楼栋可以望向湖景，实施方案采用了山墙错缝的手法。南北长、东西窄的用地特点亦适应这种一、二线景观的规划处理手法，同时实现对用地极佳景观资源的最大化利用。

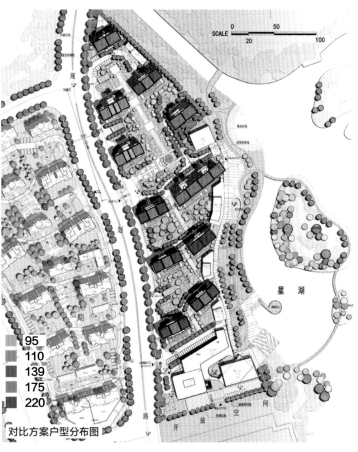

- 95
- 110
- 139
- 175
- 220

对比方案户型分布图

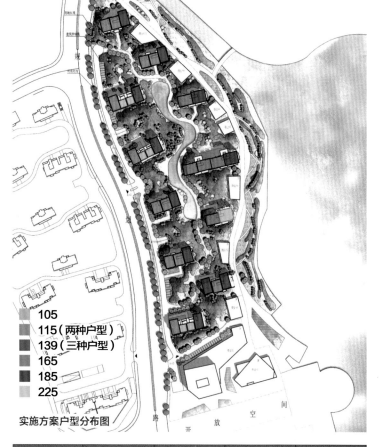

- 105
- 115（两种户型）
- 139（三种户型）
- 165
- 185
- 225

实施方案户型分布图

建筑面积／平方米	套数	面积／平方米	面积比例／%	户型比例／%
95	72	6840	9	29
110	72	7920	11	29
139	179	24881	34	36
175	142	24850	34	28
220	35	7700	11	7
总计	500	72191	100	100

建筑面积／平方米	套数	面积／平方米	面积比例／%	户型比例／%
105	108	11340	13.7	17.4
115	216	24840	30.1	34.7
139	159	21624	26.2	25.6
165	88	14520	17.6	14.1
185	34	6358	7.7	5.5
225	17	3859	4.7	2.7
总计	622	82541	100	100

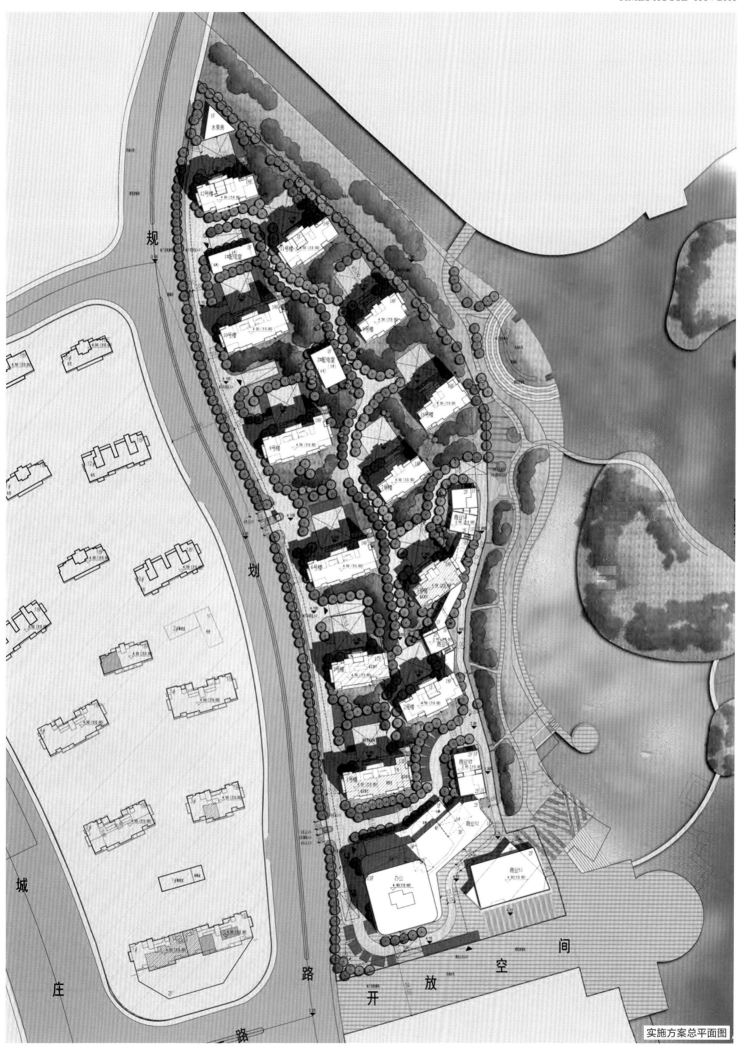

实施方案总平面图

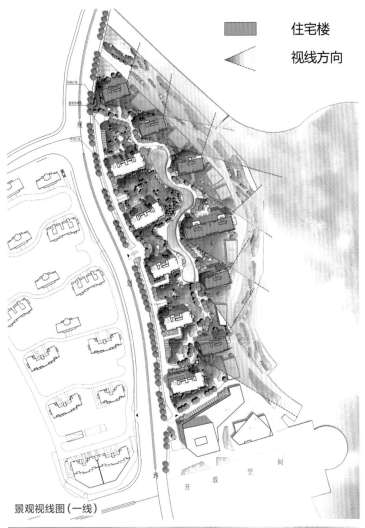

住宅楼
视线方向

景观视线图（一线）

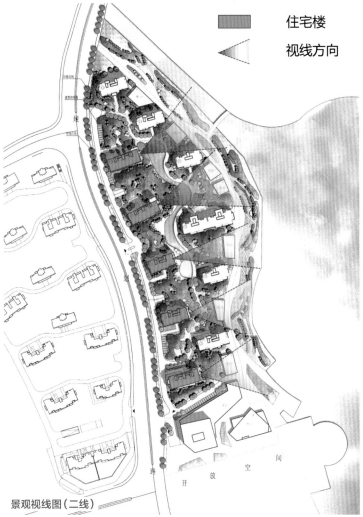

住宅楼
视线方向

景观视线图（二线）

产品设计

　　项目呈南北向长条形，若加上日照的影响，面宽资源就成为户型设计的最大掣肘。因为东向具备优质湖景资源，东向客厅设计成为朝东户型的必然选择，并为同层其他户型释放南向面宽，进而做到景观资源和南向资源的平衡，有利于提高户型品质的均质化。

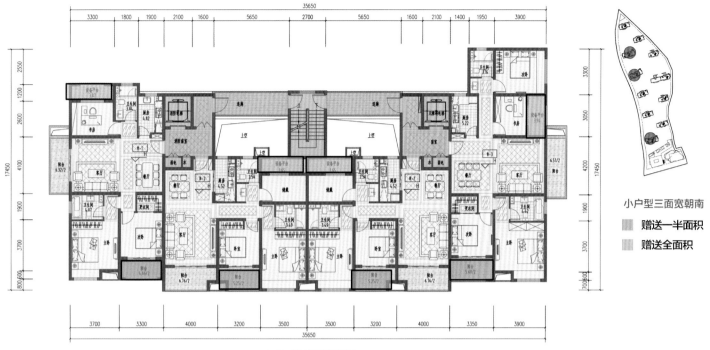

小户型三面宽朝南

■ 赠送一半面积
■ 赠送全面积

1、8、10 号楼平面图

房型类型	T4				
面积组成	115+105+105+139				
得房率	83.16%				
房号	房型	套内建筑面积／平方米		小计／平方米	户型建筑面积／平方米（仅标准层平面）
		套内（使用＋墙体）	阳台面积		
Ba	三房二厅二卫	87.57	10.99/2	93.07	111.91
A	三房二厅二卫	82.5	11.47/2	88.24	106.1
Ca	四房二厅二卫	102.53	12.18/2	108.62	130.61

中间户四面宽朝南

■ 赠送一半面积
■ 赠送全面积

3、6、11、12 号楼平面图

房型类型	T3				
面积组成	115+115+139				
得房率	82.39%				
房号	房型	套内建筑面积／平方米		小计／平方米	户型建筑面积／平方米（仅标准层平面）
		套内（使用＋墙体）	阳台面积		
Ba	三房二厅二卫	87.57	11.16/2	93.15	113.06
Bb	三房二厅二卫	86.77	11.39/2	92.47	112.23
Cb	四房二厅二卫	108.71	12.92/2	115.17	139.78

高层住宅正立面图

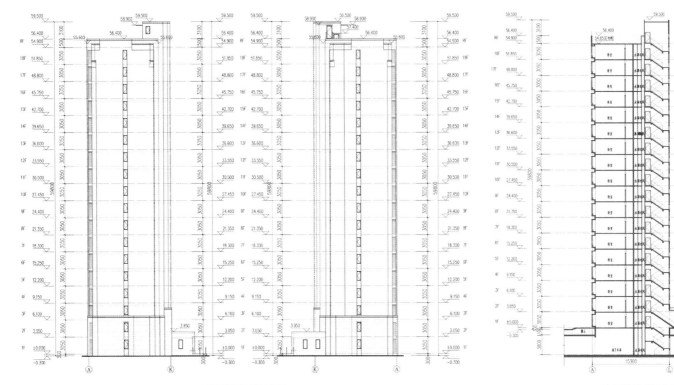

高层住宅侧立面图 高层住宅剖面图

商业项目

　　商业布置在东南侧开放空间，结合开放空间下沉广场设置部分地下商业。商业建筑与开放空间及湖岸景观相结合设计。多退台设计，形成露台，营造生态的积极空间和打造开阔的景观视野。

商办项目

　　项目定位为全销售型商办项目，高度为 11 层，1-2 层为餐饮商业区，3 层以上为销售型办公区。商办楼位于临湖住宅地块南端，区域景观主轴的北侧，景观条件优越，适合打造临湖商业设施和生态景观办公设施。

　　塔楼的整体形体强调与阶梯状露台相融合的水平向延伸感。四周圆角的处理结合了层间的白色飘带，构成了柔美典雅的造型，与周围的环境客体相互包容，形成其特有的地标特性。

　　层间横向飘带式造型及长条窗在赋予建筑显著造型特征的同时，摒弃纯幕墙结构体系，节省了外立面建造成本。

当代田园生活 人文居住美学

杭州合景映月台

第十三届金盘奖入围项目

水石设计
WWW.SHUISHI.COM

开发商: 合景泰富地产集团 / 项目地址: 杭州市未来科技城溪望路良睦路交叉口

建筑设计: 水石设计

用地面积: 142 100 平方米 / 建筑面积: 213 200 平方米

容积率: 1.5 / 绿地率: 30.4%

均价: 待定

鸟瞰图

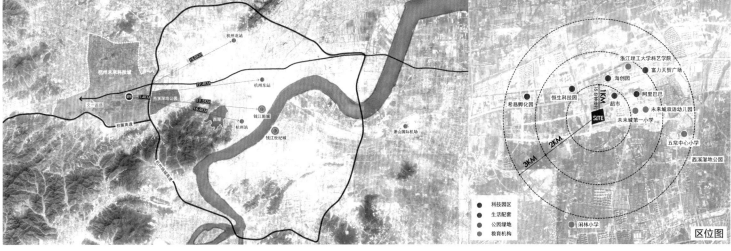

区位图

杭州合景映月台择址杭州城西未来科技城的核心区域，位于杭州未来城市规划的科创走廊的链条上。项目力求在高地价的常态下打造出建筑美学与生活品质完美结合的作品，规划逻辑以合理的地块价值挖掘为本，筑起属于当代的归园田居体验社区。

专家点评

邵轶姝
路劲地产上海公司　设计副总监

杭州合景映月台位于杭州市未来科技城的核心区域，周边交通畅达，生活配套完善。项目对板块市场做出合理的分析判断，定位清晰，以钱塘新生代精英为目标客群。为了挖掘最大的货值空间，项目通过多轮规划推演，提高容积率，优化户型，提升高货值产品的占有率。同时，项目在不影响居住品质的前提下，充分利用景观空间。

项目概况

　　项目位于杭州城西未来科技城规划范围内，属于产业先导的城市片区，亦是杭州未来发展的新热点区域。地块西临良睦路，北临溪望路，东临文常路，南侧接河道及湿地，距离西溪湿地3.4千米，距离海创园不到1千米。

　　项目旨在打造钱塘新贵的理想居所，倡导一种东方归隐的生活方式和理念，在遵守城市规控的同时，努力提升城市形象。

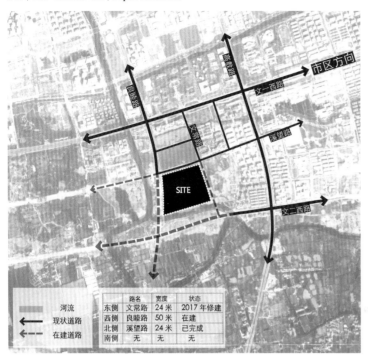

路名	宽度	状态
东侧 文常路	24 米	2017 年修建
西侧 良睦路	50 米	在建
北侧 溪望路	24 米	已完成
南侧 无	无	无

河流
现状道路
在建道路

货值最大化策略

规划布局

1. **定制化产品匹配土地**：未来科技城板块主力供需以 80-90 平方米的首置产品为主。项目周边有 9 个竞品，普遍是首改产品，溢价率普遍高于首置产品，排屋有减少供货的趋势。项目地块有良好的环境资源，西面和南面有天然港道和湿地资源，适合打造 120-140 平方米改善产品。项目 80-90 平方米主力产品的面宽数、房间数、赠送等与竞品持平，120-140 平方米首改产品采用创新的"L"型设计。

2. **高溢价率产品占据地块最好的"边角料"**：项目的高货值产品出现在洋房区和院墅区。洋房布置在多、低层分区的大尺度景观带上，高区极目远视，低区独享核心景观。溢价率最高的院墅占尽沿河景观资源。

3. **在货值最大化的基础上，打造富有设计感的体验空间**：合并多层与低层片区，打造层次丰富的中式意境社区；压缩启动区的用地面积，留给高溢价产品；启动区后期将作为社区配套，并保留原有体验景观及空间。

规划推演

项目经济技术指标要求

规划用地面积：142 100 平方米 / 容积率：1.2 ~ 1.5 / 计容建筑面积：213 200 平方米 / 建筑密度 ≤ 30% / 绿化率 ≥ 30%

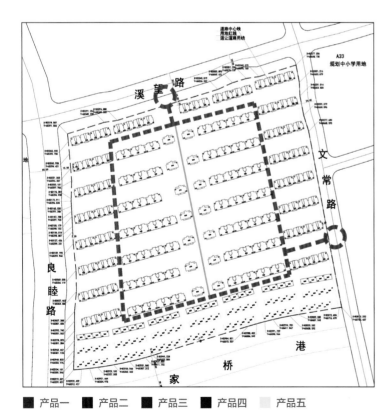

■ 产品一 ■ 产品二 ■ 产品三 ■ 产品四 □ 产品五

项目	指标	单位
规划用地面积	142133	m²
容积率	1.49	
总建筑面积	212150	m²
建筑密度	≤30%	
绿化率	≥30%	

产品	住宅类型	面积	单元数	总面积	面积比
产品一	7层洋房	90	75	90000	42%
产品二	7层洋房	125	53	92750	50%
产品三	7层洋房	140	14	13720	
产品四	联排	160	28	4480	2%
产品五	联排	200	56	11200	5%
合计				212150	

传统长面宽联排测下来符合指标要求。

■ 产品一 ■ 产品二 ■ 产品三 ■ 产品四 □ 产品五

项目	指标	单位
规划用地面积	142133	m²
容积率	1.50	
总建筑面积	213110	m²
建筑密度	≤30%	
绿化率	≥30%	

产品	住宅类型	面积	单元数	总面积	面积比
产品一	7层洋房	90	75	90000	42%
产品二	7层洋房	125	53	92750	50%
产品三	7层洋房	140	14	13720	
产品四	联排	160	44	7040	3%
产品五	联排	200	48	9600	5%
合计				213110	

传统窄面宽联排测下来符合指标要求，且容积率多贡献 0.1。

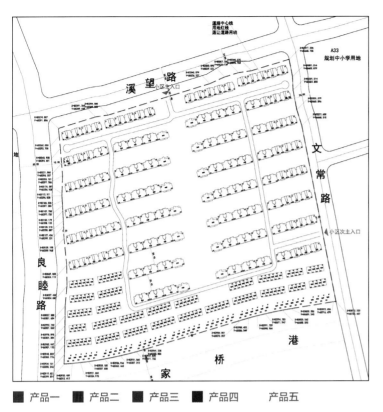

■ 产品一　■ 产品二　■ 产品三　■ 产品四　　产品五

项目	指标	单位
规划用地面积	142133	m²
容积率	1.52	
总建筑面积	215570	m²
建筑密度	≤30%	
绿化率	≥30%	

产品	住宅类型	面积	单元数	总面积	面积比
产品一	7层洋房	89	57	68988	32%
产品二	7层洋房	130	54	98280	52%
产品三	7层洋房	139	14	13622	
产品四	联排	160	140	24560	11%
产品五	联排	220	46	10120	5%
合计				215570	

传统窄面宽联排增加，增加高货值比例，但增加去化难度；规划结构更清晰。

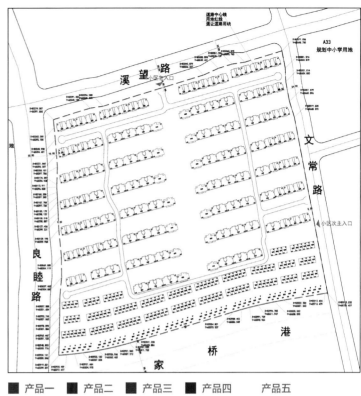

■ 产品一　■ 产品二　■ 产品三　■ 产品四　　产品五

项目	指标	单位
规划用地面积	142133	m²
容积率	1.50	
总建筑面积	213264	m²
建筑密度	≤30%	
绿化率	≥30%	

产品	住宅类型	面积	单元数	总面积	面积比
产品一	7层洋房	89	56	67802	32%
产品二	7层洋房	130	54	98280	52%
产品三	7层洋房	139	14	13622	
产品四	联排	160	133	23440	11%
产品五	联排	220	46	10120	5%
合计				213264	

在不损失容积率的前提下，平衡高货值和低货值的量。
在优化低货值区域规划结构的同时引入L型联排，临方家桥港布置长面宽产品。

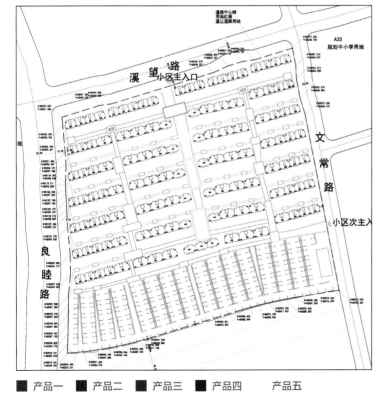

■ 产品一　■ 产品二　■ 产品三　■ 产品四　　产品五

项目	指标	单位
规划用地面积	142133	m²
容积率	1.49	
总建筑面积	212002.5	m²
建筑密度	≤30%	
绿化率	≥30%	

产品	住宅类型	面积	单元数	总面积	面积比	户数
产品一	7层洋房	89	60	72546	35%	840
产品二	7层洋房	130	48	87360	49%	672
产品三	7层洋房	139	13	12649		91
产品四	联排	160	150	26160	13%	150
产品五	联排	220	32	7040	3%	32
合计				205755		1785
公共建筑				6247.5		

增加售楼处，削减高货值组团绿地，拉高容积率。

定稿：满足甲方对产品配比及总体经济指标的需求。

组图分析

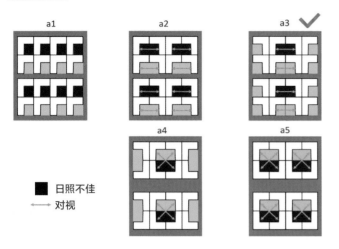
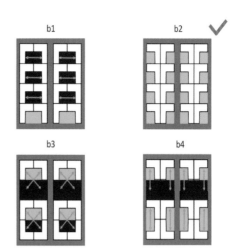

■ 日照不佳
← 对视

组团拼合——横向

a1、a2 方案北拼户型日照不佳，且 a1 方案视线局促，a2 方案产生对视；
a4、a5 方案南拼户型为北院，且对视严重，组团间产生日照间距，用地效率低；
横向拼合方案中，a3 最佳。

组团拼合——纵向

b1 方案日照不佳，且产生对视；
b3、b4 方案南拼户型为北院，且房间无南向采光面，不合理；
纵向拼合方案中，b2 最佳。

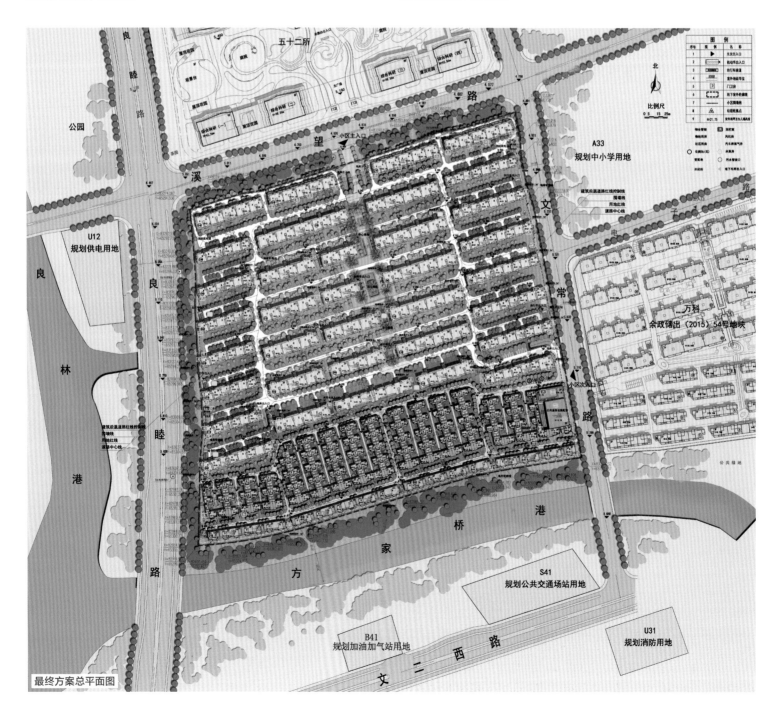

最终方案总平面图

横向组团（a3）　　　　纵向组团（b2）✓

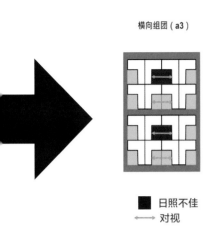
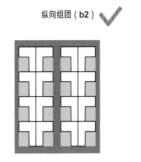
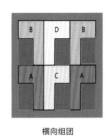
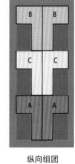

■ 日照不佳
↔ 对视

横向组团　　　　　　　　　　纵向组团

■ A档：南、东（西）临空，私密性好，日照充分（占比33%）
■ B档：北、东（西）临空，私密性好，日照较好（占比33%）
　C档：南侧临空，庭院视线稍局促，日照较好（占比17%）
　D档：北侧临空，庭院视线局促，日照一般（占比17%）

■ A档：南、东（西）临空，私密性好，日照充分（占比33%）
■ B档：北、东（西）临空，私密性好，日照较好（占比33%）
　C档：东（西）临空，私密性好，日照较好（占比33%）
　D档：无

组团拼合比较

横向组团的最佳方案，中间户仍存在对视问题，且北拼中间户日照不佳，纵向组团为最优拼合方案。

组团舒适度分析

进一步提升产品，比较六户状态下组团的舒适度。
纵向组团舒适度更高。

大门 —— 城市 开放空间

园 —— 社区 公共空间
　　22-45m
　　L/H>1

径 —— 12-20m
　　0.5<L/H<1

坊门 —— 组团 半私密空间
巷 —— 2-8m
　　L/H<0.5

府门 —— 私密 中式府邸
院

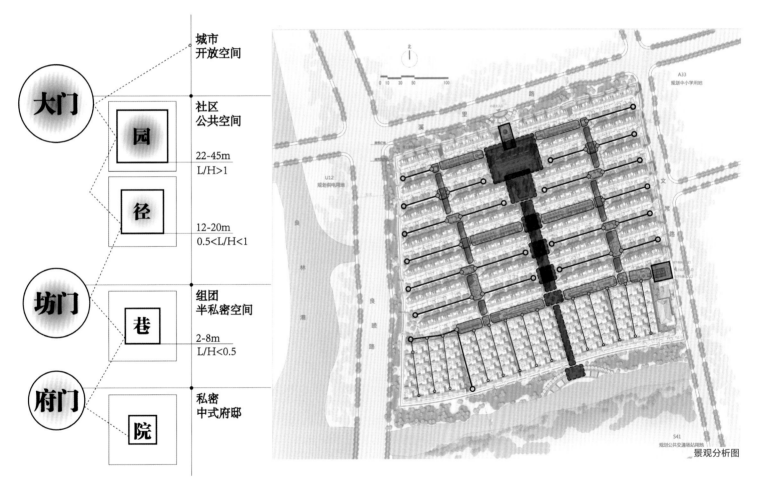

景观分析图

项目设计

　　建筑定位为新东方主义基调，典雅轻奢的中式立面、建筑灰色的调子、立面材质的色彩选择与细部交接转换的推敲都力求在设计上找到东方人文的回归。

　　景观设计与规划和建筑单体相得益彰，通过两环、九街、四坊、一带、一心、两庭，将整个社区打造成新中式的典雅体验居所。

　　产品在保证房型结构合理的前提下，增加景观空间，通过飘窗、阳台、露台、挑空等形式拓展体验空间，各面段产品在面宽资源上形成差异化，增加收纳空间。

合院联排西东立面图

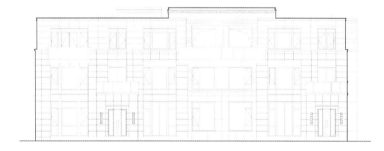

合院联排南立面图

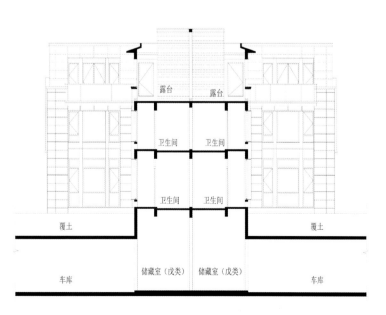

合院联排剖面图

新亚洲品质社区
苏州万科·湖西玲珑

开发商：江苏苏南万科房地产有限公司 / 项目地址：苏州市吴中区东方大道与湖墅北路交汇处
建筑设计顾问：上海万晟建筑设计顾问有限公司 / 景观设计：山水比德
占地面积：122 975.5平方米 / 建筑面积：361 129.31平方米
容积率：2.2 / 绿化率：30%
均价：23 000元/平方米

打造高品质的住区空间，追求货值最大化的开发模式，是地产开发不变的主题。作为万科在新双湖板块打造的高端产品，苏州万科·湖西玲珑重点从拉高拍低式的总图规划、精致细节化的建筑设计以及聚散结合的景观布局三个方面提升空间品质，提高产品溢价空间，从而促使整体货值最大化的实现。

鸟瞰图

区位图

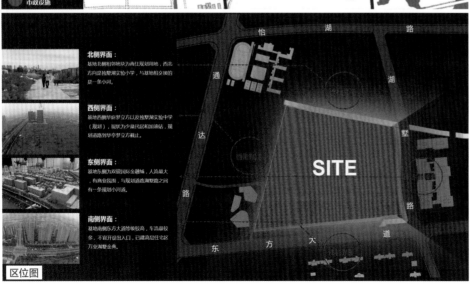

北侧界面：
基地北侧相邻地块为商住规划用地，西北方向是独墅湖实验小学，与基地相交接的是一条小河。

西侧界面：
基地西侧中亚梦立方以及独墅湖中学（规划），现状为少量民居和加油站，现规划道路中华梦立方截止。

东侧界面：
基地东侧为双银国际金融城，人流量大，有商业规划，与规划道路相衔接的路之间有一条规划小河涵。

南侧界面：
基地南侧东方大道等级较高，车流量较多，不宜开设出入口，已建高端住宅区万业湖畔金典。

专家点评

孙羽
东原集团 产品研发总监

项目位于苏州新双湖板块，东侧是独墅湖，南侧是尹山湖，景观资源得天独厚。整个项目为高低层混合住宅区，其规划布局最大限度地利用容积率、建筑密度和景观资源，同时提升高溢价产品货量。新亚洲风格的建筑与景观环境相融合，构建舒适宜人的生活空间。景观设计注重归家的仪式感、景观的互动性和趣味性以及每个户型的景观视野。这些设计特点都旨在最大限度地提升项目的货值。

区位分析

　　苏州万科·湖西玲珑位于苏州市吴中经济开发区，独墅湖西侧，东方大道北侧，怡湖路南侧，景观资源优越，属于吴中区独墅湖板块，亦为政府重点打造的生态宜居片区。地块交通便利，主干路通达吴中城区、姑苏区和园区，同时周边规划有学校及商业区，生活便利。

定位策略

　　基于对苏州地产市场的调研分析以及对该地块土地价值的判断，项目地块具有三个价值特点：

　　稀缺性——该地块为距离核心区最近的价格洼地。

　　安全性——地块位于板块的门户区域，易承接核心区溢出需求，且板块内存量锐减，竞争环境缓和。

　　广泛性——可广泛导入园区、姑苏区客户，客户多元，首置首改需求量大。

　　通过对市场、土地、客户源、竞品等多方面的分析，项目的产品定位在首置首改层面，打造中高端公寓产品和经济型别墅产品混合的高品质住宅区。

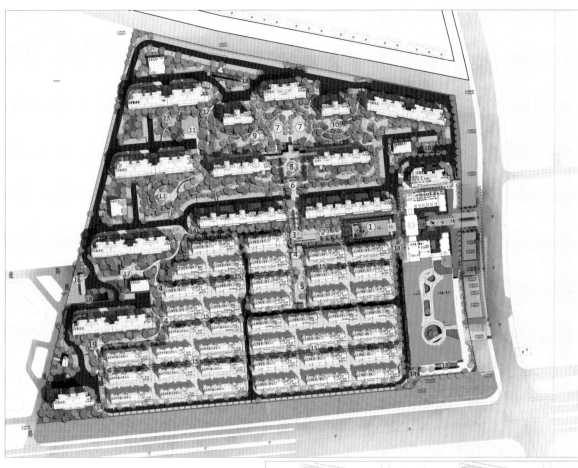

N

LEGEND: 图例

① 示范区
② 林荫树阵
③ 特色景墙
④ 别墅人行出入口
⑤ 别墅半亭
⑥ 中轴观景平台
⑦ 阳光草坪
⑧ 儿童迷宫
⑨ 全龄活动场地
⑩ 科普乐园
⑪ 半场篮球场地
⑫ 慢跑道
⑬ 休闲活动空间
⑭ 别墅车行出入口
⑮ 别墅街巷
⑯ 社区主要出入口
⑰ 主入口转换空间
⑱ 地下车库出入口
⑲ 萌宠乐园

总平面图

规划布局策略

对于住宅类房地产开发项目，在一定容积率和建筑密度要求的前提下，项目的总图规划布局则是整个项目货值量级、空间格局、资源利用模式的决定因素。在规划布局中通过不同产品的组合及其价格差异对土地进行不均衡利用，可以整体提高项目的货值总额。

1. 充分利用用地指标

将规划用地指标用足，是获取地块最大化货值的前提条件。用足用地指标包括两个重要方面：容积率和建筑密度。密度指标用足意味着引入层数更低的产品，也就是溢价率相对更高的产品。湖西玲珑通过多版强排方案对比计算，推导出"高层＋多层"和"高层＋多层＋低层"的产品模式，以达到最大限度地利用容积率和建筑密度的目的。

方案一　常规联排+4层叠加　　方案四　常规联排+10层叠加　　方案七　常规联排+11层叠加

方案二　合院+4层叠加　　方案五　合院+10层叠加　　方案八　合院+11层叠加

方案三　不控间距联排+4层叠加　　方案六　不控间距联排+10层叠加　　方案九　不控间距联排+11层叠加

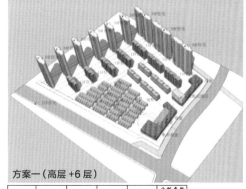

方案一（高层＋6层）

户型配比	户型分段	户型面积	计容面积	户数	户型套数比
	高层90	90	73440	816	35.17%
	高层112	110	89760	816	35.17%
	小高层125	125	52250	418	18.02%
	多层125	125	15000	120	5.17%
	联排150	150	22500	150	6.47%
	合计		252950	2320	100%

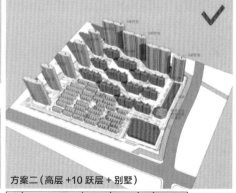

方案二（高层＋10跃层＋别墅）

户型配比	户型分段	户型面积	计容面积	户数	户型套数比
	高层90	90	79560	884	36.41%
	高层110	110	89760	816	33.61%
	跃层110(边套赠送21，中间赠送15)	110	61600	560	23.06%
	联排130(赠送20)	130	21840	168	6.92%
	合计		252760	2428	100%

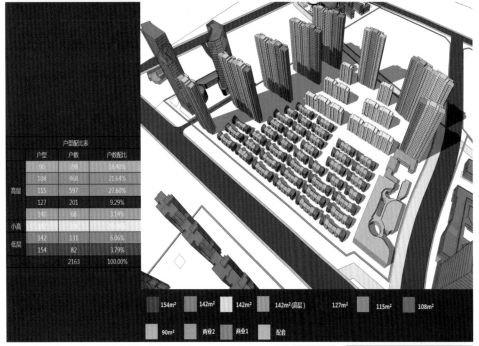

高层产品首先考虑布置在基地北侧，假如少量则优先考虑在基地西侧，其次在基地东侧。

将小高层产品布置在高层和低层之间，形成北高南低的建筑形态

考虑到与南侧东方大道隔一定的距离，很大程度上弱化了来往车流的噪声影响，将低层产品布置基地南侧。

基地东南侧受双银国际金融城的拉动作用，会有大量人流聚集于此，将商业及主入口置于基地东南角非常有利于商业氛围的形成

户型配比表		
户型	户数	户数配比
90	398	18.40%
108	468	21.64%
高层 115	597	27.60%
127	201	9.29%
140	68	3.14%
小高 142	218	10.08%
低层 142	131	6.06%
154	82	3.79%
	2163	100.00%

154m²   142m²   142m²   142m²(高层)   127m²   115m²   108m²

90m²   商业2   商业1   配套

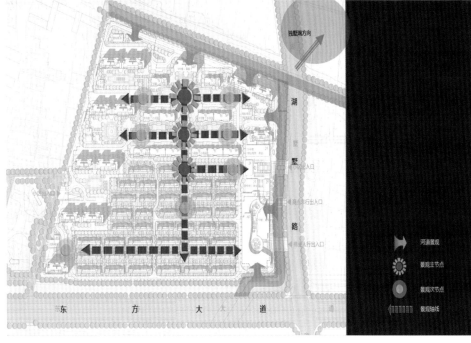

河道景观
景观主节点
景观次节点
景观轴线

东 方 大 道

独墅湖方向

湖墅路 湖墅入口

2. 提高优势产品的土地资源占有率

在用足用地指标的前提下，如何提升高溢价产品货量，是获取地块最大化货值的必要条件。提升高溢价产品货量，就是要合理均衡分配用地不同部分的建筑密度，提高优势产品的土地占有率。湖西玲珑的高层住宅外围化分布模式，便是基于这个原则推导出的一种规划布局。

3. 均衡配置景观资源，提高产品的景观利用率

在地产项目中，景观资源大体可分为两种：先天既有的景观资源以及后天打造的景观资源。如何利用好这两种景观资源，是提高产品溢价的重要因素。一般来说，对于距项目地块有一定距离的景观源的观赏利用可能性，高层 > 多层 > 低层；而对于地块区内景观源的观赏利用可能性，则是低层 > 多层 > 高层。根据不同产品对于景观利用特点的不同，可以在总图规划时将不同产品进行合理布局，以充分发挥各自景观利用能力。

湖西玲珑的地块就具有很好的湖景资源，但湖景资源并非近在咫尺，只有在一定高度位置，才能够欣赏到湖景，也就是说住宅区内只有高层住户可以享受湖景资源。这一景观资源特点就决定了在区内景观资源规划分配时，处于湖景资源利用劣势的低密产品就应得到更多的区内景观资源，以确保优势产品的优势性、高溢价能力。因此，整个规划没有采用常规的集中式大花园模式，而是将更多的土地资源分配给多层和低层产品，并着力打造散点式组团景观，提升产品的景观资源利用能力，从而提高产品溢价能力。

建筑设计

　　建筑单体的形象和空间设计是提高住区品质的重要方面，而宜人舒适的空间环境也是提高产品溢价的物质基础之一。湖西玲珑的设计旨在通过对空间、光线和结构的调整来营造静谧平和的氛围。

1. 建筑与景观环境的暧昧融合

　　售楼处的设计强调了新亚洲空间的影响力，并通过围合的庭院和光影丰富的檐廊创造出一系列连接室内外的灰空间。灰空间模糊了建筑与环境的界限，营造出一种"你中有我，我中有你"的灵动融合空间体验。

2. 新亚洲设计风格简约明朗

　　售楼处和住宅的设计通过简练的体量构成、虚实的鲜明对比、构件的精细化点缀，传达具有鲜明新亚洲气质的设计态度和生活态度。

3. 新亚洲设计风格舒展离散

　　项目在售楼处、联排别墅这类小体量建筑中，将横向水平线条作为重要元素进行设计，突出新亚洲风格横向延展的特色。

4. 新亚洲设计风格注重人性化表达

　　售楼处的设计通过降低檐廊净高，加大挑檐出挑距离等手法，将整个建筑的体量一层层消解到近人尺度，在兼顾建筑本身体量营造的仪式感和宏伟感的同时，在细微尺度上又不失对人的关怀。

5. 新亚洲设计风格强调亲切温暖的心理感受

　　建筑设计不仅关注在物质层面给人的身体感受，更关注在精神层面给人的心理感受。在售楼处廊柱、廊顶底板、隔扇门、住宅入口门头、门窗等可被触到和近距离感受到的近人尺度建筑部位，项目采用了实木和仿木材质，将传统的建筑材料与现代的建筑材料混合搭配，既营造了质朴亲切的氛围，又体现了现代建筑洁净简约的特点。

景观分析图

LEGEND: 图例

←→ 礼仪轴线
—— 塑胶环跑道
● 主入口空间
● 全龄活动场地
● 儿童观果园
● 休闲空间
● 别墅公共景观

景观设计

项目通过重点打造归家流线区核心景观和宅间散点景观，打造以景观包裹每一家的自然休闲社区，用景观分布提高户型的景观溢价可能性，从而拉动整体货值的提升。

1. 打造游园式的归家感——归家流线区核心景观带

全区景观方案延续展示区景观设计，东西向与南北向设两条礼仪轴线。此外，设计引入环形塑胶漫步道串联高层区各个宅间空间，并结合漫步道融入全龄化活动场地、科普天地、运动场地及宠物乐园等多个景观节点，提升归家流线区景观品质。

2. 打造看得见风景的窗——宅间散点景观节点

在整个规划布局中，多层和低层住宅部分对区外的景观利用可能性偏低，因此在设计区内景观时，更多地向组团宅间的散点景观倾斜。除了在组团公共空间处设置集中景观节点，也会重点在宅间设置多层次绿植和景观小品，以增加每栋住宅的景观接触面。同时，散点景观更侧重于景观的参与玩赏性，而不仅仅是远观效果。

导读篇

新城上坤樾山·明月依山傍水，在得天独厚的地理环境中拥有属于自己的一方天地，形成与众不同的居住品质。项目采用了街、巷、院的建筑方式，沿袭弄堂居住精髓，在保证人与人之间的私密性的前提下，回归人与人之间的邻里之情。设计风格广泛地运用了中式元素，以沿河景观轴为中轴对称，展现出中式建筑的对称美。

雅逸院墅 世家宅第
上海新城上坤樾山·明月

 第十二届金盘奖全国总评"年度最佳别墅"

齐越设计
上海齐越建筑设计有限公司

HZS 滙张思 | 三位一体 滙铸精品
PLANNING ARCHITECTURE LANDSCAPE
滙张思建筑设计咨询（上海）有限公司

请扫描二维码，
进入金盘网查看更多项目信息

工程档案

开发商：新城控股

项目地址：上海市松江区嘉松南路3888号

建筑设计：上海齐越建筑设计有限公司

景观设计：HZS滙张思

占地面积：48 297平方米

建筑面积：65 100平方米

容积率：0.85

均价：58 000元/平方米

新城上坤樾山由新城控股与上坤置业联合打造，位于上海松江区佘山板块，享有佘山国家森林公园的景观资源。新城上坤樾山·明月是新城上坤樾山的新产品，积极吸收传统建筑空间的精髓，结合现代生活的理念，力求在居住产品中寻找一种精神与物质的平衡。明月院墅的独特在于围绕庭院展开设计，以园围宅，营造和睦邻里，打造传统的田园式生活。

01
选址研究

新城上坤樾山·明月位于上海市松江区洞泾镇，基地东侧为庄泾河，南侧为庄泾河，西侧为规划路，北侧为已建小区。项目属于佘山板块，坐享佘山国家森林公园的景观资源，四周交通便捷，紧邻地铁9号线佘山站，市政、生活配套设施较为完善。

上海新城上坤樾山·明月

02
定位策略

项目定位为新城樾系高端产品，整体风格为新中式，产品主要为119-140平方米的新中式风格院墅、110-130平方米的叠加别墅和170-190平方米的类独栋产品。项目是在传统院墅与四合院的基础上创新研发出的新型产品，延续了中式的高雅贵气，融汇了中式精髓，表达了厚重、深远的中式情怀。

03
规划设计

项目创新的院墅形态，吸收了街、巷、院式传统空间体系中层次分明的优点，又纳入现代高品质生活的使用需求。三街六巷十八户的院落空间与三重门庭的空间层层递进，重现世家宅第的礼仪风范。

巷与巷各自成团，互不干扰；院与院四方围合，相互独立；园与园薄景渗透，错落优雅；宅与宅和善为邻，自在雅逸。别墅则围绕着庭院设计展开，强调一种其乐融融的邻里关系。

鸟瞰图

总平面图

04
建筑设计

　　建筑采用新中式建筑风格，力求打造一种清新雅致、端庄优美的建筑形制。立面设计遵循了经典两段式划分的稳重大气之美。屋顶采用结合平坡的出挑形式，打造出美观的建筑第五立面。

立面图

05
景观设计

　　小区采用了"街、巷、院"的三重门庭设计，整体景观结构可概括为六横两纵体系，以步行景观轴串联主题景点，形成丰富的视觉感受及流动延伸的秩序感，保持景观的通透性和延续性。绿化方面根据景观视线分析，在主要道路种植多种树木、花草，使之一年四季均有良好的观赏效果。

06
户型设计

传统别墅产品的庭院一般展开面较小，且私密性欠佳。项目别墅产品的庭院设计为"L"型，客厅、餐厅功能围合庭院展开设计，增加了家庭互动感。户型的拼接方式最大限度地降低了相邻住户对庭院的视线干扰，符合住户的心理需求。

户型采用双主卧套间设计，老人与主人分层而居，充分保证家庭成员相对独立的生活空间。双阳台设计有利于采光通风。挑高地下室设计了采光井，让地下室采光面和通风度大幅提升，并自成一道风景。

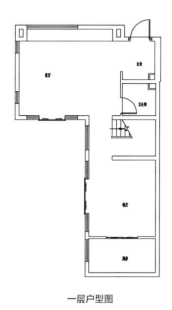

一层户型图

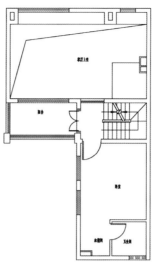

二层户型图

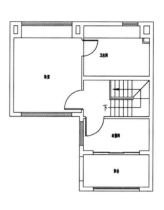

三层户型图

城市现代化名片
自驾购物目的地
石狮世茂摩天城

 第十二届金盘奖深圳地区"年度最佳商业楼盘"

工程档案

开发商：世茂集团

项目地址：石狮市城南板块国际服装城东部

建筑设计：艾麦欧（上海）建筑设计咨询有限公司

设计团队：王仲霖、巫汉立、欧阳婷婷、颜晓倩、李妙田

灯光设计：上海尚么建筑灯光设计有限公司

占地面积：100 000平方米

建筑面积：180 000平方米

容积率：1.8

绿地率：20%

上海尚么建筑灯光设计有限公司
Http://www.sum-lightingdesign.com

扫码进入金盘网
查看更多项目信息

区位分析

　　石狮位于环泉州湾核心区南端，三面环海，北临泉州湾，南临深沪湾，东与台湾隔海相望，西与晋江市接壤，区域经济发达，交通便捷。同时，石狮自身民营经济发达，居民购买力强。世茂摩天城位于石狮市郊区，紧邻亚洲最大的服装批发市场。

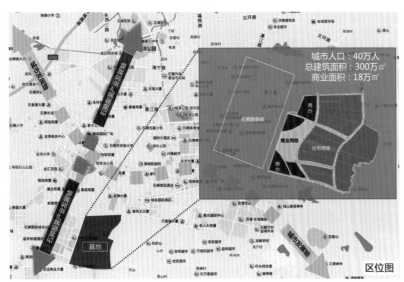

城市人口：40万人
总建筑面积：300万㎡
商业面积：18万㎡

区位图

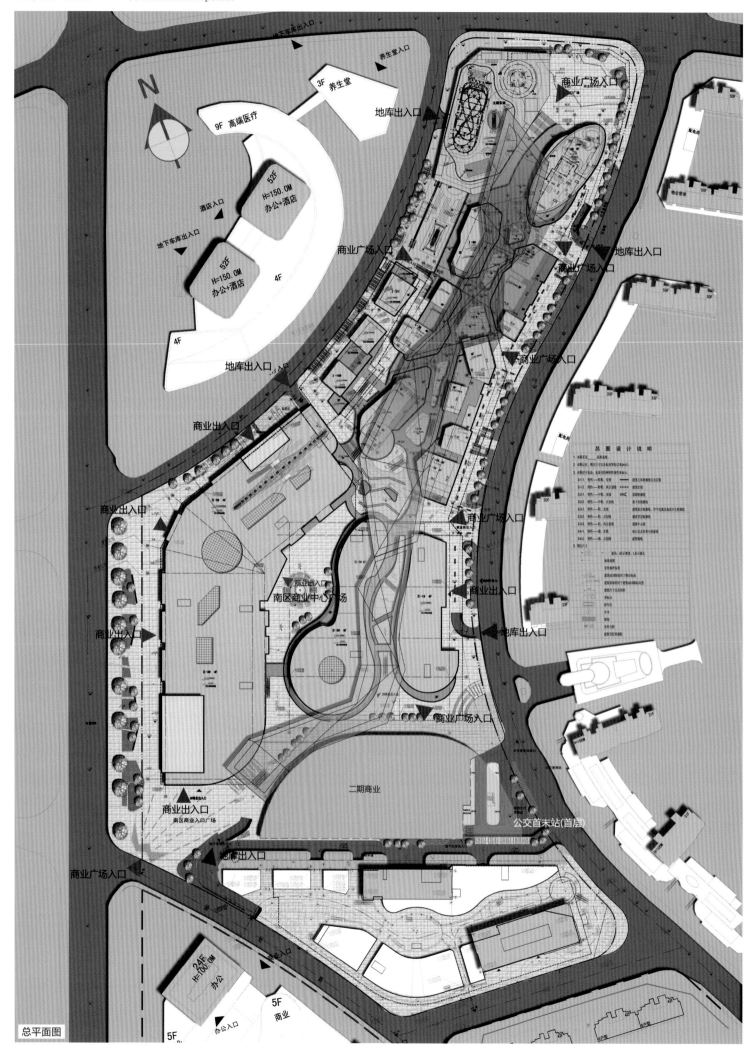

N

9F 高端医疗

3F 养生堂

养生堂入口

地库入口

商业广场入口

52F
H=150.0M
办公+酒店

52F
H=150.0M
办公+酒店

酒店入口

地下车库出入口

4F

4F

地库出入口

商业广场入口

地库出入口

商业广场入口

商业广场入口

商业出入口

商业出入口

商业出入口

商业广场入口

商业出入口

商业出入口

商业出入口

地库出入口

南区商业中心广场

总图设计说明

商业广场入口

二期商业

公交首末站(首层)

商业出入口

南区商业入口广场

地库出入口

商业广场入口

24F
H=100.0M
办公

5F
商业

办公入口

5F

总平面图

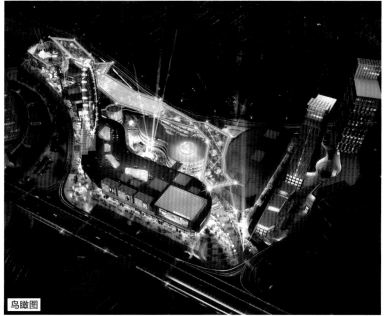

鸟瞰图

定位策略

鉴于石狮市本身亟需在海西城市群中树立一个崭新的现代化名片，项目本身也需要通过打造 18 万平方米的商业去扩大项目的影响范围，创造区域热点，以撬动超过 200 万平方米的住宅销售。

项目定位为海西自驾购物目的地，利用世界最长天幕和海西最高屋顶摩天轮打造地标效应，通过亲子主题乐园扩大服务半径，结合丰富的业态以及活动体验，成为集商业、娱乐、休闲、主题乐园为一体的大型综合体项目，在海西地区形成了一系列现象级效应。

规划布局

项目的周边状况特征鲜明，在设计策略上通过节点、业态、流线引导、天幕引导等方式，拉动超长人流，并充分利用高差变化创造多首层商业流线，不同层次的纵向变化有助于提升商业价值。

1. 西面迎向服装城和省道，以大体量集中商业对接服装城大量人流，同时形成较完整的省道展示界面。

2. 北区靠近酒店以及城市人流方向，结合主题乐园营造氛围活泼的集聚广场，并打造独具风情的体验商业街区。

3. 东面对接住宅区，打造高端精品休闲业态，迎街道形成多入口渗透式的引导。

4. 南面对接闽南文化博览馆和商办集群，通过天幕主入口承接南面客流。

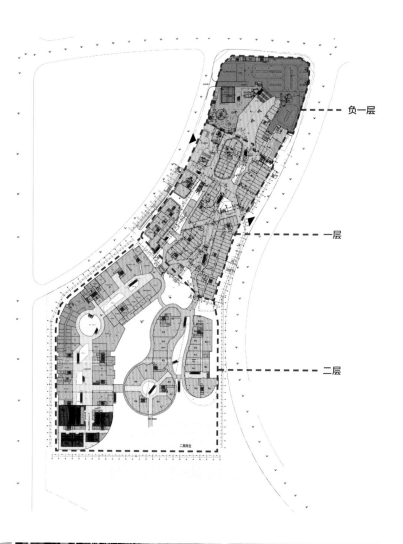

多首层策略

项目根据场地内坡度较大的特征，引入多首层概念，激活高区商业，将场地内多数商业转换为一层及少量二层，提升商铺价值，同时将停车地库转化为半地下平进停车场，方便停车，改善体验。

天幕设计

以往天幕大多采用平滑的直线设计，项目通过分析人的视线以及多首层商业流线的走势，最终形成连绵起伏的折板型天幕形态，同时结合灯光设计以及多媒体互动设计，使得商业人流与天幕之间的互动体验达到最佳状态。天幕以钢结构为主要骨架，上表皮为 ETFE 膜气枕，下表皮覆满 LED 灯光，边缘以穿孔铝板封边。整体轻盈灵动，遮阳透光，挡雨御台风。夜晚，璀璨的屏幕形成互动式多媒体 LED 屏。

负一层

一层

二层

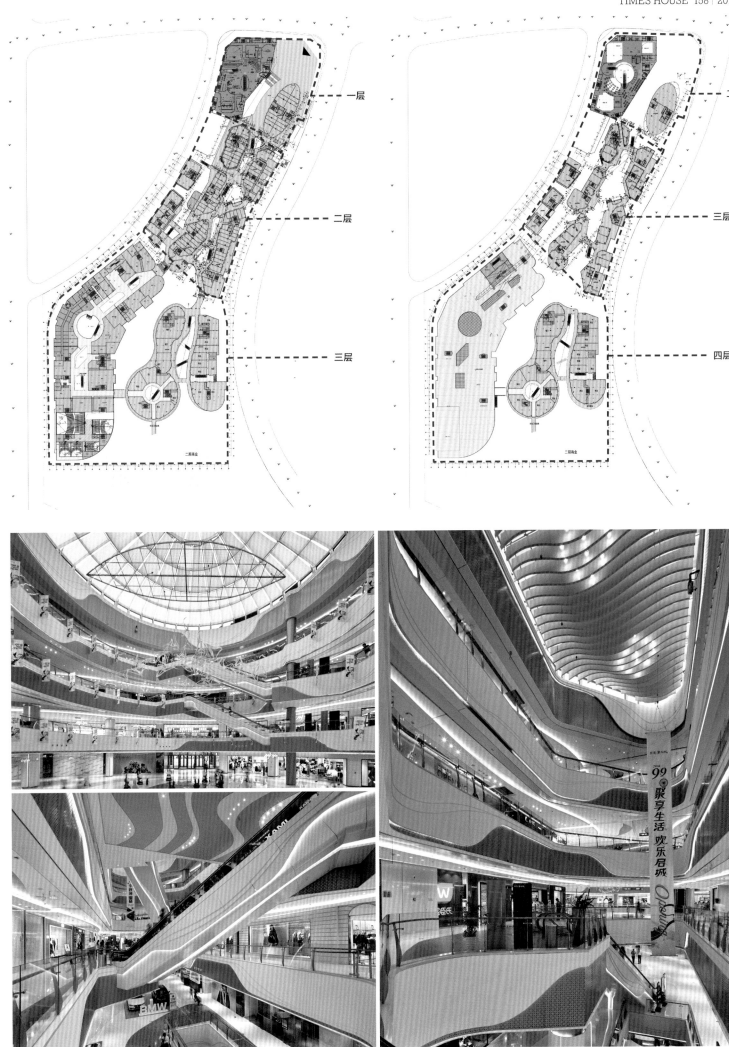

一层

二层

三层

二层

三层

四层

简洁大方　生态办公

厦门航空商务广场

第十二届金盘奖深圳地区"年度最佳写字楼"

工程档案

开发商：厦门航空投资有限公司

项目地址：厦门市湖里区高崎南五路222号

景观设计：深圳市万漪环境艺术设计有限公司

用地面积：11 312 平方米

深圳市万漪环境艺术设计有限公司

Http://www.ttrsz.com

鸟瞰图

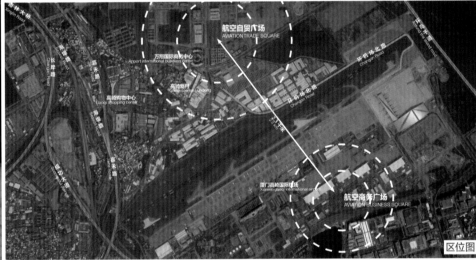

区位图

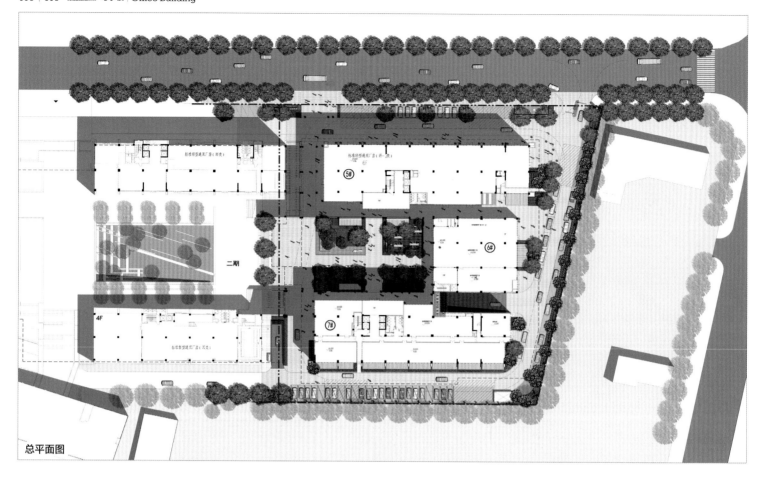

总平面图

区位分析

航空商务广场位于厦门岛北部航空港经济圈，邻近杏林大桥、厦门大桥、集美大桥、翔安海底隧道四大出岛通道，毗连嘉禾路、成功大道、环岛干道三大南北干道，是大厦门中心、联系岛内外的城市交通枢纽地。

定位策略

基地处于厦门市总体规划的中心区域，环境宜人，视野开阔，享受通畅便利的交通。结合项目用地充足、开发强度偏低的优势，如何运用产业办公园区概念定位市场，寻找差异化的设计产品，创造宜人办公环境，成为摆在设计者与建设者面前的共同命题。

裙房内分布配套服务，银行、邮政、会议、餐饮、休闲、保洁等一应俱全，让企业管理者从诸多经营杂务中解放出来，协力保持企业运行高效性和资源共享最大化，降低经营成本。

规划布局

项目地处城市边缘，周边配套环境发展尚未成熟，需要自身成"势"以增强引力。在总体布局上，塔楼的体量相互错分，以迎向景观资源，争取开阔视野，同时也能够保证室内日照、通风的均好性。裙楼部分则进行围合、退台、混接地面，使底部界面形成一个小型内聚的建筑群组。庭院景观的打造为入驻企业提供内聚、安静的环境氛围，营造社区归属感。

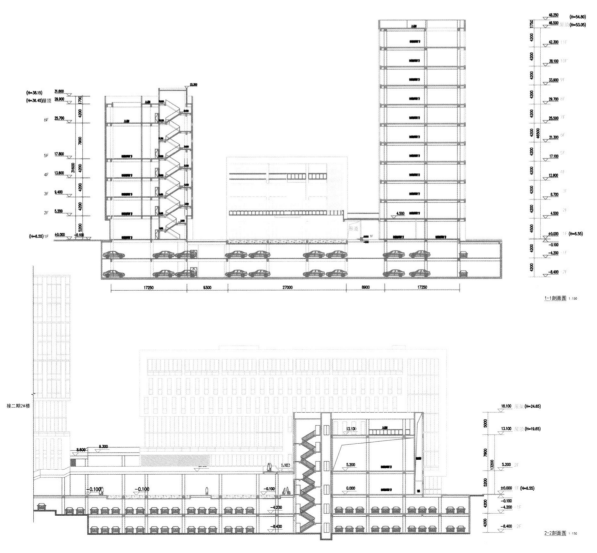

1-1剖面图 1:150

2-2剖面图 1:150

剖面图

景观设计

　　项目以生态办公环境取胜，以"简洁、大方"的景观设计理念为主，充分利用现有地形，与建筑简洁清新的风格相协调，结合周边城市景观，营造自然、休闲的生活氛围。

　　办公区目标人群为年轻白领，他们追求品质感、尊贵感、愉悦感以及多元功能。景观设计以此为出发点，创建一个适合公共活动的宜人庭院空间，并将其分割成多个小块区域，同时充分利用架空层通道以及二、三层公共观景平台。广场入口设置一个水景涌泉区、中心转换空间、户外咖啡木平台空间。景观细节关注铺装材料和小品设计，整体大气统一，同时突出时尚、简洁和趣味性。

江南中式　山地墅居

衢州中梁国宾府示范区

第十三届金盘奖入围项目

工程档案

开发商：中梁控股湘浙赣区域集团

项目地址：衢州市开化县芹阳街道岙滩村大棚坞

建筑设计：上海帝奥建筑设计有限公司

用地面积：69 774平方米

建筑面积：119 157平方米

容积率：1.2

绿地率：30%

价格：8 000−17 000元/平方米

帝奥建筑

上海帝奥建筑设计有限公司
Http://www.sh-do.com

扫码进入金盘网
查看更多项目信息

总平面图

比例尺　0 5 10 15 20 25 30m

N

鸟瞰图

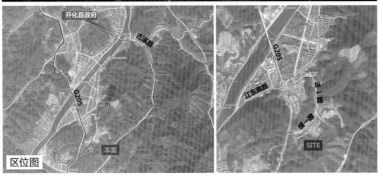

区位图

项目概况

　　衢州中梁国宾府位于浙江开化，基地北侧为横一路，西侧为205国道，交通便利，生态宜居。项目拥有8栋十八层住宅建筑、34栋三层低层住宅，采用江南新中式建筑风格。社区品质的差异，除了体现在建筑、景观等物质环境之外，更重要的是体现在社区氛围与社区公共生活品质上。

大区设计

　　基地用地范围呈不规则状，用地场地高差较大，最高点和最低点相差25米左右。设计的难点在于满足各项指标的同时又要兼具建筑的识别性和个性，保留中式住宅的神韵和精髓的同时又要契合现代人主张的生活方式。

　　项目利用山地竖向高差，尊重地形地貌，规划不同标高的居住组团，形成层层叠叠的空间效果，并利用高差及场地纵深形成三进三出九重庭院的立体景观空间效果。

高层效果图

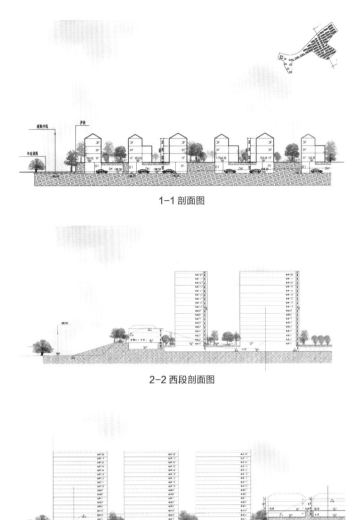

1-1 剖面图

2-2 西段剖面图

2-2 中段剖面图

示范区鸟瞰图

示范区剖面图

示范区设计

项目力求最佳形象展示面，尊重原生山体轮廓，依山而建，层次错落分明，开创中梁山地示范区先河。

示范区在传承中国传统文化的精髓的同时加入现代元素。建筑选用了沉稳的棕色系，简化传统意义上的雕梁画栋，在细节上追求品质感，精致优雅，独具匠心。

整体景观的营造充分配合项目的中式建筑风格，糅合传统园林的布局和设计元素，创造了步移景迁、连续又富有变化的景观空间。项目广泛运用了水景，采用中轴对称的结构，与严谨厚重的建筑形态相呼应，同时为整体空间注入几分灵动。在建筑围合而成的庭院中，青翠的松树、肌理雅致的石块以及素白的碎石在方寸之间勾勒出一幅极具禅风诗意的画面。

售楼部立面图

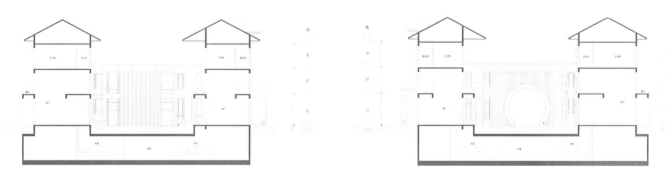

售楼部剖面图

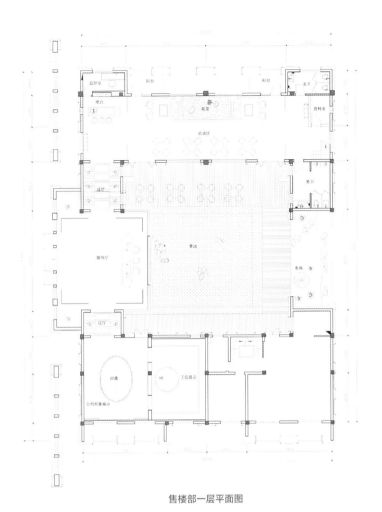

售楼部一层平面图

江南都会　古典情韵
无锡万科·北门塘上示范区

第十三届金盘奖入围项目

工程档案

开发商：万科地产

项目地址：无锡市梁溪区广石西路与凤宾路交叉口西南侧

建筑设计：上海都易建筑设计有限公司

用地面积：约56 000平方米

建筑面积：224 000平方米

容积率：3.0

绿地率：大于30%

均价：待定

上海都易建筑设计有限公司
Http://www.dotint.com.cn

扫码进入金盘网
查看更多项目信息

区位图

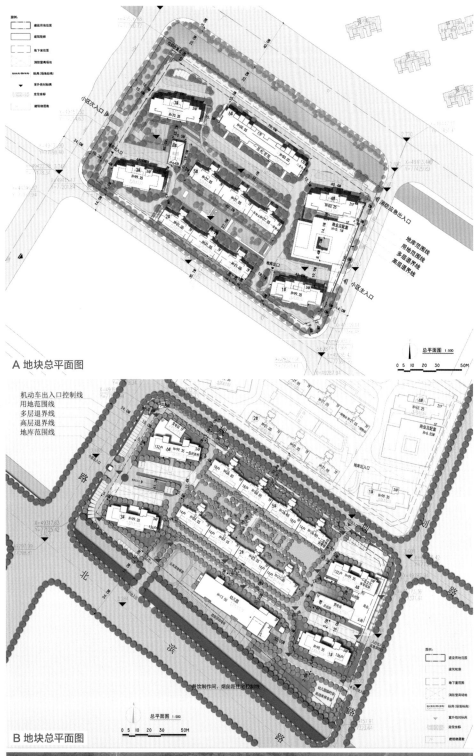

A 地块总平面图

B 地块总平面图

鸟瞰图

项目概况

万科·北门塘上坐落在无锡北塘，京杭大运河在无锡的旧称为塘河，北塘正位于运河以北。如今，崇安、南长、北塘三区合并为梁溪区，政府大力扶持，希望为北塘注入新动力，融合全方位文化，彰显千年古城魅力，优化生态格局，提升人居环境质量。

北门塘上深挖地域文脉，将建筑的艺术融于土地，让人文情怀与现代栖居交融，于城市珍稀之地上筑造传世之家。

规划设计

因为用地较小，容积率较高，示范区可用范围有限，设计的重点在于如何利用这个小空间去营造一个丰富的空间。

示范区的前场借用了小区东侧的城市规划道路，内部用两个庭院引导整个示范区内部的流线，并创造一系列围合的院子和曲折的廊道，连接室内外灰空间，让来访者每进入一个空间都能够产生不同体验与感受。

建筑设计

建筑立面风格简练，没有复杂体量的堆砌，采用仿木纹铝板、拉丝仿铜格栅等精致构件，并通过实的石材与虚的玻璃围合成空间，使得偏向新中式风格的示范区既能很好地传承北塘传统文化，又能预示合并后的梁溪区将翻开新的篇章。

景观设计

项目结合城市街道和入口大门，通过独特的照壁设计和大树景观，形成完全开放的城市院落。设计师在局促的地形中精心安排了三重院落，设计出暗藏惊喜的江南韵味。步入正门，架设在水面上的连廊分隔出半开放的社区院落。当人在其间游行时，能感受连廊与内部庭院产生如同传统江南园林般的积极互动关系，并在不经意间发现第三个庭院：松石相映，气雾环绕，方寸之间，别有洞天。

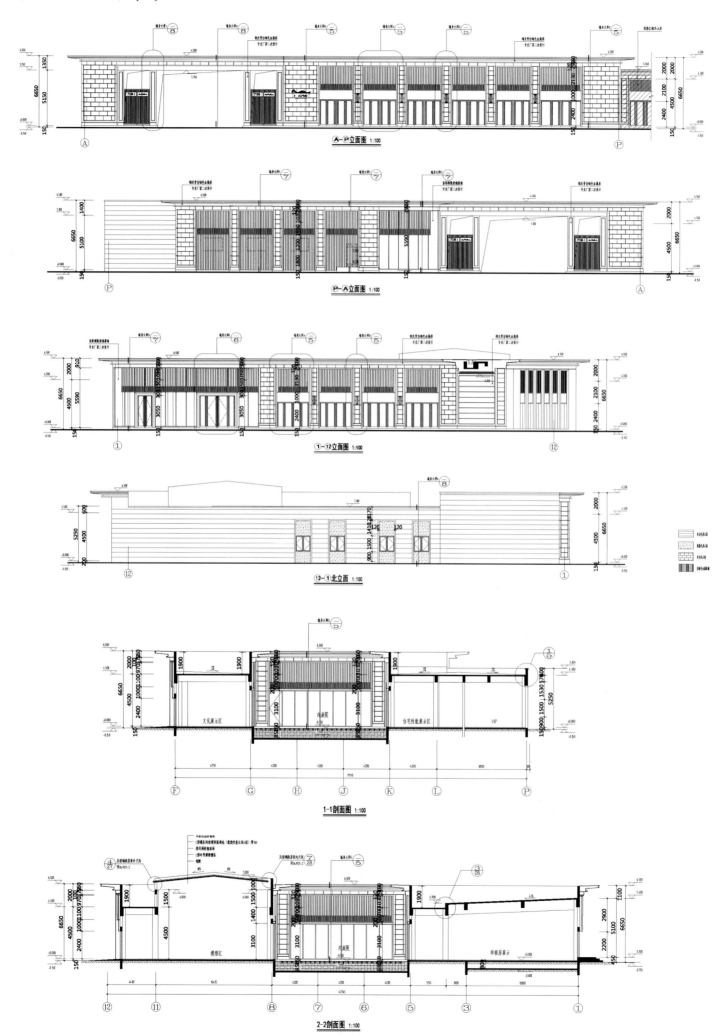

A-P立面图 1:100

P-A立面图 1:100

1-12立面图 1:100

12-1北立面 1:100

1-1剖面图 1:100

2-2剖面图 1:100

古韵新风 诗意桃源
重庆国宾壹号院示范区

工程档案

开发商：融创西南集团、蓝光地产

项目地址：重庆市渝中半岛虎歇路

用地面积：约30 000平方米

建筑面积：67 000平方米

容积率：2.25

绿地率：30%

均价：23 000元

扫码进入金盘网
查看更多项目信息

总平面图

鸟瞰图

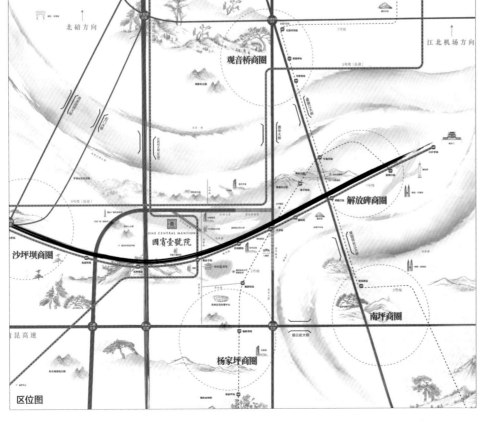

区位图

项目概况

重庆国宾壹号院坐落在重庆渝中半岛，位于时代天街、重庆天地、万象城、协信星光天地等国际级商圈围合的商业中心，坐拥"三横三纵三轨"的立体多元化交通，配套设施齐全，生活便利。

项目系出融创TOP级产品系列——"壹号院"，注重前沿的国际视野以及居住文化精神，以现代建筑为基底，融入中国古典园林，打造渝中繁华都市之中的低密桃源居所。

大区设计

项目以现代建筑为基调，结合中式造园理念，融入中国古典园林的浪漫与典雅，打造最具"国宾"礼制的当代设计，并依循"融创臻生活5H"社区的打造理念，追本溯源，传承地域文化，构建具有独特融创符号的造物美学。

项目的住宅建筑延续了壹号院简约的设计格调以及大平层开放式的设计，自然又不失高雅，打造城市与自然和谐共生的宜人家居空间。

示范区设计

示范区的设计承载以现代东方为精神诉求的价值观，用国际化的设计手法演绎，致敬中国传统文化，构建现代东方的造物美学。

建筑设计： 售楼处后期将作为项目内配套的幼儿园，其设计难点在于两个不同功能对空间和造型完全不同的要求。设计者最终在作为幼儿园功能的建筑的外面增加另外一层可拆卸的环保表皮。建筑利用现代的半透明金属幕帘形成内外空间在视觉上和空间上内敛而优雅的过渡。半透明材料所呈现的若隐若现的视觉效果传递出层次丰富的空间纵深感。

景观设计： 示范区的设计灵感源自《瑞鹤图》《祥龙石》等宋代名画，模仿画境，师法自然，营造静谧深邃、返璞归真的生活场景。项目以现代的手法表达中式园林精髓，以当代为基，融入中式对景、框景、障景、隔景、借景五景打造手法，一步一风景，一景一陶然，将现代中式演绎得纯粹而不失风韵。

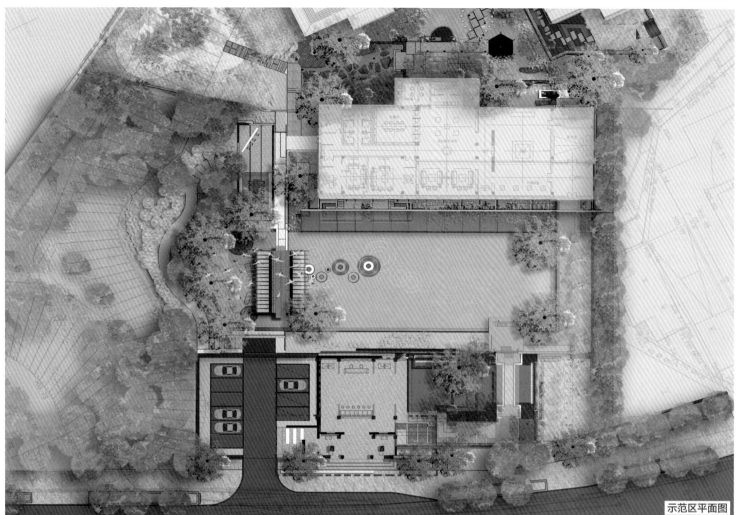

示范区平面图

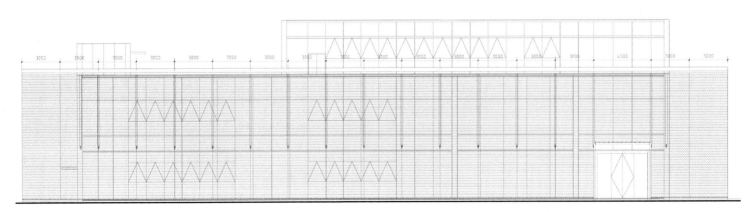

售楼部立面图

售楼部平面图

典雅园林大境
昆明万科·翡翠示范区

第十三届金盘奖入围项目

工程档案

开发商: 万科集团

项目地址: 昆明市官渡区广福路枧槽河旁

景观设计: 重庆尚源建筑景观设计有限公司

景观设计面积: 25 000平方米

均价: 待定

重庆尚源建筑景观设计有限公司
Http://www.sycq.net

扫码进入金盘网
查看更多项目信息

项目概况

昆明万科·翡翠示范区由一条330米长的永久性公园式体验引道与150米宽的售楼展示界面组成，总面积约25 000平方米，创造了昆明市场上大尺度的都会公园示范区体验感受。

景观设计把握新古典主义理性、秩序、典雅、庄重的概念轮廓，同时兼顾客户看房的心理期许，营造空间的收放进退，通过五重景观礼序，进而搭建六幕典雅园林大境，给客户带来殿堂级的景观享受。

区位图

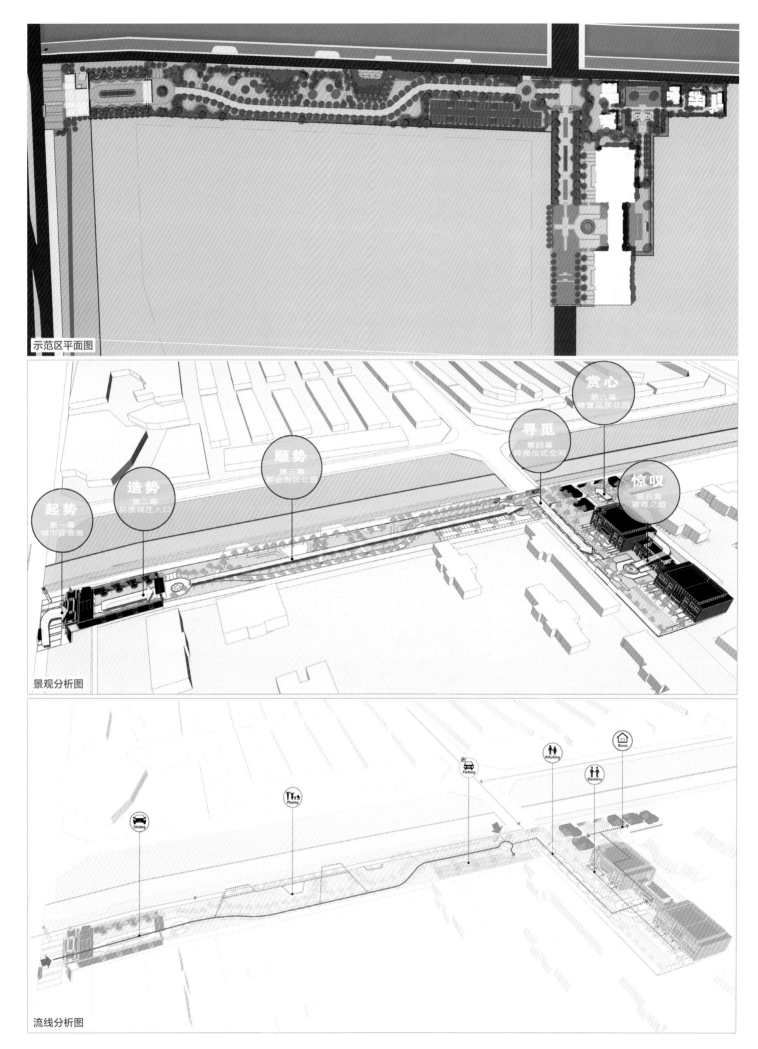

示范区平面图

景观分析图

起势
第一幕
城市迎客面

造势
第二幕
品质端庄入口

顺势
第三幕
都会街区公园

寻觅
第四幕
转换仪式空间

惊叹
第五幕
著雅之庭

赏心
第六幕
清奢品质花园

流线分析图

景观设计

　　入口界面——内退隐奢：设计师将大门前置，对外形成良好的临街展示界面，对内形成一个围合的仪式过渡空间。

　　仪式引道——都会公园：设计从万科翡翠产品的街区领域意识出发，借鉴纽约中央公园西 15 号公园街区肌理和尺度感受，展现未来大区的国际公园生活。

　　空间转折——庭院门厅：设计利用空间尺度的收放变化，实现从大尺度公园空间到近人尺度氛围的转换，体现空间节奏的变换韵律。

　　仪式轴线——心情酝酿：穿过门厅，行走在榉树林下，感受凡尔赛花园喷泉的灵动，尊崇之感油然而生。

　　售楼部前场——奢雅之庭：借鉴凡尔赛花园的轴线对称典雅格局，营造纵向横向多重轴线对景关系，力求在空间形式上体现出古典园林平和而富有内涵的气韵；在细节工艺上用现代的手法和材质还原古典气质轮廓，兼顾古典与现代的双重审美效果。

　　样板房庭院——精奢花园：追求每一个角度都是入画风景，营造出未来大区精品花园品质和典雅的体验感。绿化软景延续了新古典理性、纯净、线条感强的视觉效果，在绿化层次上做了减法，凸显古典园林的空间构成，多维度地展现设计的极致精炼。

活力公园 一城一景

合肥蓝光·公园1号展示区

第十三届金盘奖入围项目

SED 新西林
SED新西林景观国际
Http://www.sedgroup.com

扫码进入金盘网
查看更多项目信息

工程档案

开发商：蓝光地产

项目地址：合肥市肥东县东新城板块

景观设计：SED新西林景观国际

景观面积：4 000平方米

建筑面积：1 002平方米

绿地率：25%

均价：10 828元/平方米

区位图

项目概况

公园系是蓝光地产推出的高端品牌,以蓝光改善型产品的标杆著称,以健康运动主题园林景观为主体,重视自然、绿色与项目的融会贯通。合肥蓝光·公园1号坐落于合肥市肥东县东新城板块,属于肥东向中心城区过渡的重点发展区域。其展示区以"活力无限·乐活家"为设计主题,旨在展示快乐地生活、沐浴家的温暖的景观愿景。设计分为入口迎宾区、中心景观区与儿童娱乐区,通过合理流线打造一站式看房体验动线。

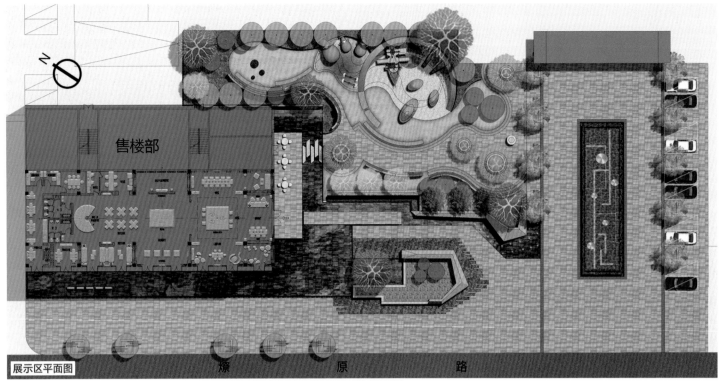

展示区平面图

燎　　原　　路

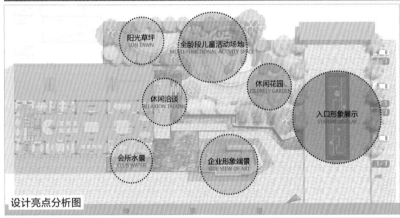

阳光草坪
SUN LAWN

全龄段儿童活动场地
MULTI-FUNCTIONAL ACTIVITY SPACE

休闲花园
LEISURELY GARDEN

休闲洽谈
RELAXION TALKING

入口形象展示
STATURE DISPLAY

会所水景
CLUB WATER

企业形象端景
SIDE VIEW OF ART

设计亮点分析图

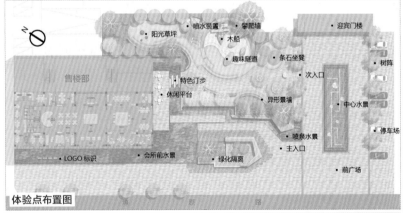

阳光草坪　　•喷水装置　　攀爬墙

木船

趣味隧道　　•条石坐凳

•特色汀步

•休闲平台

异形景墙

•LOGO 标识　　•会所前水景

•喷泉水景

绿化隔离

•迎宾门楼

•树阵

•次入口

•中心水景

•停车场

•主入口

•前广场

售楼部

体验点布置图

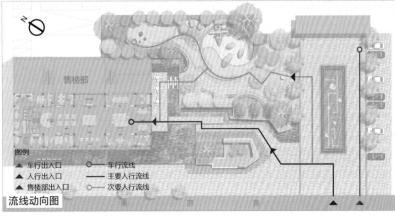

售楼部

图例

车行出入口　　○ 车行流线
人行出入口　　—— 主要人行流线
售楼部出入口　　—— 次要人行流线

流线动向图

景观设计

　　场地南侧设置停车场，通过特色精神堡垒，将驶入的车辆集中停放管理，达到人车分流的目的。以入口门楼作为端点，中心水景与景观树阵形成夹道空间引导人行流向，整体构成轴线形景观，成为体验区的形象展示面。

　　设计师通过设计特色折线式异型景墙与喷泉水景，引导人行走向售楼中心；通过营造现代感十足且细腻丰富的景观让人停步品味；并围绕售楼部形成整体感较强的镜面水景，映衬建筑的形象，打造高端的品牌形象。南侧设置休闲平台衔接售楼中心出入口，于西侧面向市政道路的水面上设置 Logo 标识。

　　场地东侧紧接中心景观区，铺设软质地面，分区放置功能多样、新颖的儿童活动设施，充分激发儿童的活力与想象力，同时也设置可供成年人休憩的区域，使各年龄层体验人群均可在此享受乐趣。

山水之意　闲逸之境

泰安金科桃花源示范区

第十三届金盘奖入围项目

工程档案

开发商：金科地产

项目地址：泰安市桃花峪风景区石蜡河东路与迎宾大道交汇处

景观设计：重庆纬图景观设计有限公司

景观面积：23 176平方米

均价：12 000元/平方米

重庆纬图景观设计有限公司
Http://www.wisto.com.cn

扫码进入金盘网
查看更多项目信息

示范区鸟瞰图

示范区平面图

项目概况

　　泰安金科桃花源位于素有"天下第一山"之称的泰山的脚下，其示范区的景观设计结合当地浓厚的历史文化，以"取其精神，去其形役"为原则，与传统文化进行对话。

　　示范区选择内向空间的布局，除了在市政路口设置一个项目 Logo 之外，整个用地边界被完整地包裹起来，以现代居住区植物造景的手法围合边界，既凸显"桃源之闲逸"，又营造出回家的亲切感。内部空间分为四个部分，从功能上对应传统的四进院落。

景观设计

　　项目在竹林的尽头设置一处不大的转换空间，并以漏窗透出内院的光，暗示大的场景即将展开。

　　第一进院： 传承传统园林的手法，设置屏风一座，以中国传统绘画"长卷"形式展开，以泰山石切片为剪影表现三山五岳，屏前的一池玉带水面则寓意"千里江山"。设计师运用了紫铜钢板异型加工等现代材料工艺和层叠的手法，并前置金属格栅为帘，将画面拉向深远处。

　　第二进院： 属于堂前院，除建筑外其余三面皆由墙体围合。项目在现代风格的片墙上以现代的手法拉出几条竖向间隙，打破漫长墙体的沉闷，增添活泼的气息。院子以水面为图底，以泰山松为画，在院子重心处设计一面题为"根"的壁雕，寓意深远。

　　第三进院： 以停留为首要功能，在空间构成上以大草坪为底，以水面为图，临水设置宽阔木平台，结合沙发和阳伞，构成放松的会谈空间。设置在水中的休闲卡座则营造出度假般的闲逸氛围。

　　第四进院： 设在售楼处东侧较隐蔽处，场地仅 70 平方米，以静观而非进入为目的。空间以白砂为底，以泰山石切片为峰，以绿竹为界，以彻底的抽象、彻底的无声将人带入寂静空灵的审美境界。

轻奢时尚　艺术空间

苏州正荣悦棠湾复式样板房

金盘奖 第十三届金盘奖入围项目

工程档案

开发商：苏州正瑞置业发展有限公司

项目地址：苏州市吴江区盛泽镇南环路与中心大道交汇处

室内设计：印象空间（深圳）室内设计有限公司（软硬装一体化设计）

设计面积：122平方米（复式）

主材：大理石、木饰面、木地板、拉丝不锈钢、皮革硬包、墙纸

印象空间（深圳）室内设计有限公司
Http://www.szyxkj.com.cn

扫码进入金盘网
查看更多项目信息

项目概况

　　正荣悦棠湾是由正荣地产在苏州倾力打造的第十座府系作品，源自于正荣地产对于中国传统居住理念的传承以及对于现代城市居住理想的深层解读。项目采用现代主义建筑形态，产品有观湖平层和复式户型，结合多元社区景观，打造区域内罕有的水岸豪宅生活住区。

空间布局

　　复式户型的整体空间格局紧凑，一层各功能分区，配置完善，二层划分为三个卧室及卫浴。在此基础上，设计师通过设计让空间尽量打开，同时保留各个功能区，打造一个既丰富又宽敞的空间。

一层设计

与玄关相连的是一个全开式空间，包含客厅、餐厅、书房区及楼梯区，取中轴线一分为二，划分出客厅及书房区，中间毫无阻挡，完全打开空间。整个空间的设计手法比较现代，结合复古和中式的元素，同时加入金色元素，表现出恰到好处的张扬感。

餐厅： 为了营造更好的观感和空间感，将洗手间原本面向餐厅的门口开设在玄关处，为餐厅区留出更多空间。同时，餐桌往墙面推移，为客厅与餐厅间留出充足的过道空间。餐厅的立面较为简约，以墙纸和木饰面为主，衬托出挂画、装置、吊灯的艺术特性。

书房： 楼梯旁是覆盖整个立面的书架，塑造出一个开放式书房区，增强整体空间感的同时，丰富空间的功能性，而且让各区域都能够互相对视，增进交流。其设计语言旨在体现主人的涵养及学识身份，书桌和书架上的小玩意营造出生动的居住气息。

一层户型图

二层设计

主卧：摒弃繁杂的设计，强调质感及舒适性，并在背景立面的细节处加入金属装点，简约舒适而不失精致。衣帽间专门设计了顶天立地的衣柜，凸显层高，并在衣柜内暗藏灯带，提升设计感及奢华感。

长辈房：立面及床品均采用淡雅的浅大地色，体现柔和的质感，营造出静谧、安逸的氛围。一幅富有节奏感的挂画则平衡了空间的动与静。

二层户型图

汇聚创新思维　改变设计未来

专访上海霍普建筑设计事务所股份有限公司董事、总经理、首席设计总监赵恺

赵恺（霍普股份董事、总经理、首席设计总监）

地产行业是一个风起云涌、竞争激烈的行业，地产设计企业无时无刻不面临着严峻的挑战，只有勇于突破自我，创造新机遇，才能在行业中建立自己的地位。2018 年，上海霍普建筑设计事务所股份有限公司（以下简称为"霍普股份"）成立了十五年，《时代楼盘》专访霍普股份董事、总经理、首席设计总监赵恺先生，深入了解霍普股份的成功之路以及未来的发展策略。

1. 霍普股份创立于 2003 年，至今年刚好成立十五年，业务范围已经拓展到了地产开发的多个领域。您能简要回顾一下霍普股份的发展历程吗？贵公司最初的核心业务是哪一块？现在最明显的特长和优势在哪里？

霍普股份的十五年发展伴随着国内房地产发展的黄金十五年，发展速度非常快，公司规模由最初几十人到现在二百多人，经历了规模成倍扩张的过程。目前，霍普股份的业务板块聚焦高品质住宅和城市综合体。

有两个重要的发展阶段值得一提。2012 年，霍普股份开始关注 BIM 与住宅标准化研究，并于 2013 年成立住宅标准化事业部，通过 BIM 标准化设计，实现快速且高质量的客户定制化全程解决方案。积极寻求与住宅工业化深化设计企业的战略合作，抢先布局在未来十年将会高速增长的工业化住宅市场，并为客户提供技术咨询、方案设计、施工图设计、工业化深化设计、工业化施工分包等全过程的一体化服务。2015 年，霍普股份组建商业事业部，专注于城市综合体，整合招商、运营、室内、景观、机电、灯光、绿建节能等各专业资源，为客户提供全过程的一体化服务。

霍普股份的优势首先是长期经营在地产开发第一线，和各大地产公司都有广泛的合作，对于

中国房地产市场的状况和发展趋势，能有自己的理解和看法。这对于我们做实际项目有很大帮助，我们能结合自己的想法，和开发商一起创造出适应当代中国人生活需求的居住环境。

另外，从公司架构上看，霍普股份始终致力于成为平台型公司，这是内驱的企业经营理念，霍普股份希望设计师能在这个平台上充分展示自己的能力。目前公司平台有运营中心、技术中心和研发中心，分为三条线管理。从公司层面到设计部层面，再到项目组层面，这三条线是纵向贯穿的，对于项目的推进和操作形成了多重保障。

2. 能否简单总结一下在过去的 2017 年，霍普股份取得了哪些成绩？突出项目有哪些？对于新开篇的 2018 年，贵公司又有哪些计划与动作？

2017 年，霍普股份在地产领域开拓了新的局面，一方面，公司业绩实现快速增长；另一方面，公司也有一批高品质项目诞生。

霍普股份每年都有一批突出项目，因为我们始终关注高品质建成项目。像第十二届金盘奖的获奖项目广州星海小镇，在规划和设计理念上都有创新。展示区是一个以艺术为追求的展示中心，它的建筑形态运用了现代的传达手法，后期会作为整个艺术小镇的核心。它承担着艺术交流和展示功能，同时也为周

边居民提供一个高品质、有艺术氛围的生活环境。项目的市场认可度也非常高，因为有了星海小镇，大家更愿意在这里居住，带动了周边居住产品的溢价。

2018年，霍普股份的主要计划是提升公司内部效率，获得有质量的增长，这是我们的核心。公司会更加注重人才的选拔和激励，让更多有能力的建筑师脱颖而出，为他们创作好的设计作品提供一个更优质的环境。公司明年也会基于数据化的管理平台，进行项目流程化管理，提升管理效率。

3. 如今，房地产行业在住宅领域的竞争十分激烈，而且面临高成本以及政策限制等问题，许多房企已经拓展自己的业务板块，布局特色小镇、城市更新、养老医疗地产、长租公寓等领域。贵公司是如何看待以及应对这种趋势，未来的发展规划具体是怎样的？

地产领域的新趋势，其实是与人对于居住需求的改变与提升相呼应的。霍普股份很早就感受到了这种趋势和变化，并成立了研发团队，专门对这些领域进行深入研究和调研。LAB工作室和HTS工作室就是专门对特色小镇、精品酒店、民宿进行研究的。另外，针对政府政策的变化，如长租公寓，我们也结合具体的项目做深入研发。

我们认为这些新领域的发展，对于当代中国社会的生活方式其实是有引领和提升作用的。地产的发展由原来的黄金时代进入白银时代，原来相对粗放的开发模式，逐渐往高品质、精细化的模式进行转变。所以，不管是特色小镇、城市更新，还是长租公寓，都是这些问题的具体表现。这对我们的设计提出了更高的要求，我们也会从文化、社会的各个层面对这些领域进行深入思考和研究。

4. 中国的城市化进程速度非常快，很多地方都出现了千城一面、千篇一律的现象，示范区以及产品的设计也不例外。您认为在以后的城市发展中该如何解决这样的问题？

这是时代背景下的一种暂时现象，当房地产领域进入精细化设计时代，这种状况正在逐步改变，大家都认识到"千城一面"模式是不可持续的，只有蕴含文化背景和地方特色的高品质居住环境和建筑形象才能符合居住者的需求。

作为设计师来说，首先他既生存在这样一个时代背景中，又是改变这个状况的参与者。他既要感受，又要很快领悟与引领时代向更好的方向发展。建筑师需要对中国的文化和现代社会发展有自己的理解，并把理解应用到设计中，设计出更符合市场和人居住需求的作品。

霍普股份也一直在思考建筑设计理念和风格的转变问题，并身体力行地通过设计创新项目改变"千城一面"的现象。以合肥世茂国风·见山府项目为例，它既有一定的地域风格，同时又结合了徽派民居的特点，创造出具有现代气息，但蕴含传统文化的空间。

5. 目前，您担任霍普股份三个重要职位，分别是公司的董事、总经理和首席设计总监，您在经营公司的同时也参与设计了很多重要作品。您是如何看待以及平衡设计师以及公司管理者的身份的？

大多数建筑设计公司的管理者都是由原来专业的建筑师转变过来的。管理公司也类似于做一个项目——它既需要有一种经营理念，又需要注重细节。随着公司规模的不断扩大，管理愈加重要，它不仅可以提升建筑师的设计水平与效率，还能充分利用社会资源。所以目前我会分配更多的精力到管理上，但同时也会参与到具体的项目设计中，通过项目实践，我既可以接触市场和客户，又可以明确目前管理中的不足。设计者与管理者的双重身份，本身就是动态平衡、相辅相成的。

金盘联
Kinpan.com
金盘房地产开发产业联盟

金盘房地产开发产业联盟
KINPAN REAL ESTATE DEVELOPMENT LEAGUE

金盘房地产开发产业联盟（简称"金房联"正式改名为"金盘联"）是由金盘平台集十余年行业影响力，于2016年发起成立的行业对接平台，同年在上海举行了成立仪式并颁发授权牌，开启了地产界、设计界、材料界三个行业的紧密联系之旅。

金房联目前已成立了北京、上海、广州、深圳、重庆、成都、南京、杭州、福州、西安、东北等地区十多个分会，会员单位包括100多家国内知名开发商，300多家设计单位与材料企业。

理事交流会

为促进行业健康有序发展，增进会员之间的交流与合作，金房联每年在各地分别召开理事交流会。

各类沙龙

联盟定期组织开发商、设计公司、材料商举办十几场各类沙龙论坛活动。

看盘活动

联盟在广州、深圳、上海、杭州、北京等地组织多场高端楼盘看盘巡回活动。

高峰论坛

金盘周活动期间举办行业年会及高峰论坛，以及优秀楼盘巡展活动。

金房联荟萃地产各界行业精英，共同探讨行业改革与发展，
以关注行业发展动态、推动行业健康发展、构建合作交流平台为己任，取得了令人瞩目的成绩！

昆明·万科翡翠示范区

重庆尚源建筑景观设计有限公司
CHONGQING ADVO-NATURE ARCHITECTURE & LANDSCAPE DESIGN CO.,LTD.

公司地址：重庆市渝北区互联网产业园5栋1-1　邮箱：sycq@sycq.net
电话：023-86796086　传真：023-86796233　网址：www.sycq.net

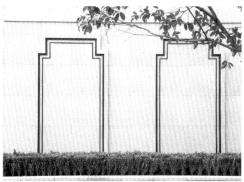

北京市金盘网络科技有限公司旗下的金盘网，是国内首家房地产开发设计选材平台，其打造的全新智能O2O的互联网＋，汇聚国内外最知名的地产设计名企及作品、海量设计订单,打造中国地产开发交易第一平台。

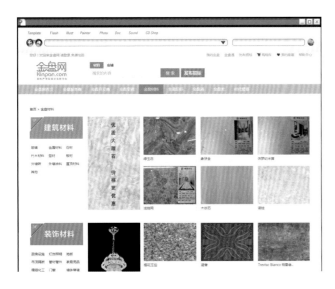

金盘建材

为适应开发商与设计公司在选材方面的需求，金盘材料事业部于2017年在金盘网正式开通材料板块，涵盖**大理石、磁砖、真石漆外墙涂料、薄板、砂岩板**等五大类，作为金盘网——开发设计选材平台的重要一环，金盘材料旨在为开发商、建筑设计、建材几大行业及相关企业搭建平台，为建材企业展示最新产品，为开发商提供标杆项目全套建材选材方案。

金盘材料事业部同时提供线下样板配送服务，包括单项材料和标杆楼盘的全套主建材样板，实现线上线下双联动。金盘材料事业部——建筑选材的好帮手!

金盘软装

为适应国内日新月异的软装发展需求，金盘软装事业部于2017年在金盘网正式开通软装板块，涵盖**家具、灯饰、窗帘布艺、花艺绿植、装饰画、装饰摆件**等六大类，包括**家庭住宅、商业空间,如酒店、会所、餐厅、酒吧、办公空间**等。

作为金盘网——开发设计选材平台的重要一环，软装版块致力于为知名家具和装饰企业提供一个全方位的展示平台，为广大家居设计师、软装设计公司提供最新的软装材料价格与应用案例。

Greenery & Landscaping China

GLC 2018

中国（上海）国际园林景观产业贸易博览会

2018年5月29–31日　　上海世博展览馆（博成路850号）

中国园林景观旗舰展与享誉全球的德国纽伦堡国际景观和园林展览会（GaLaBau）
强强联手，共同打造园林景观产业的国际采购贸易平台

同期举办：

2018上海（国际）园林机械、园艺工具及苗木绿化资材展览会

第八届上海国际屋顶（立体）绿化及建筑技术展览会

2018中国（上海）国际建筑园林木结构及景观竹材新产品展览会

中国国际生态景观规划与营建学术论坛

生态旅游及主题乐园、露营地建设产业论坛

展览会官方微信

主办单位：上海市园林绿化行业协会、 NÜRNBERG MESSE 纽伦堡国际博览集团

支持单位：上海市绿化和市容管理局

联系方式：电话：+86-21-61902178 / 61902170 / 61902176 / 60361225

E-Mail：polansky.lv@sh-green.cn / helen.lin@nm-china.com.cn

欲了解更多展览会信息请登录：**www.slagta-expo.com**

CRLAND BEJING CITY CITY NEXT
北京华润未来城市

奥雅设计——创造更美好的人居环境
L&A Design——To Create a Better Environment

www.aoya-hk.com

奥雅设计对未来城市有着新的设想，将价值追求、功能需求相结合，建造以出人的精神为核心的高品质环境，并为每一个城市居民所共享，方可为"未来城市"的模样。

曲线形态构成的硬质铺装与流动水景结合，波光水影，软景围绕水景营造。整体氛围以精致、素雅为主。增强人工精细处理的痕迹。空间组成上要结合漫步道，在动线上形成开合变化。选择本土植物材料以及特色观赏草等植物，打造高端精致的环境。

奥雅设计于2001年创立，李宝章先生任首席设计师。2002年，李方悦女士加盟奥雅设计并担任董事总经理至今。经过十多年的发展，奥雅以景观规划设计为基础，逐渐发展成为新型城镇化土地开发的大型综合性文创机构。目前，奥雅中国总部设在深圳，在香港、上海、北京、西安、青岛、成都、长沙、郑州设有四家分公司及四家子公司，拥有近600人的国际化专业团队，旗下拥有洛嘉儿童主题乐园V-onderland、城嘉City Plus城市家具等多个子品牌。为中国城镇化的发展提供从用地分析、经济策划、土地规划到城市设计、景观设计、生态技术咨询的全程化、一体化及专业化的解决方案，创造具有地域特色、人性化和充满活力的城市和城市空间。

深圳南山蛇口兴华路南海意库5号楼3层 / 4层404　T 0755 26826690　F 0755 26826694　E sz@aoya-hk.com

景观设计Landscape Design　　城市规划Urban Planning　　经济策划Economic Stategy　　生态环境Environment Planning　　洛嘉儿童 V-onderland　　艺术工作室 Art Studio

北京东方华脉工程设计有限公司
ChinaHumax Engineering Design Co.,Ltd.

WE CREAT
WE PROMISE
WE CARE
我们创造 / 我们承诺 / 我们关心

北京总公司 / 青岛分公司 / 沈阳分公司 / 西安分公司 / 成都分公司 / 青海分公司
烟台分公司 / 贵州分公司 / 济南分公司 / 张家口分公司

www.chinahumax.com

上海市虹口区曲阳路800号3401室　　　T_021 55886512　F_021 55886512-807　　　市场商务：李先生 yitong_marketing@126.com　021 55886512-817
邮编 200437　　　　　　　　|　　　www.yitongdesign.com　　　　　|　　　人力资源：林小姐 yitong_job@126.com　　　021 55886512-838

小 镇 规 划　　　新 城 规 划　　　主题产业园　　　精 品 住 宅　　　综 合 体

YITÓNG
一砼设计
YITONG DESIGN

一砼作品 实景拍摄 [绿地蔡桥新里城售楼处]

尚合设计 创建宜居环境

尚合建筑　尚合景观

SHARCH
DESIGN
CO.,
LIMITED

敬请关注

SHarch
尚合

地址：深圳市福田保税区桂花路帝涛豪园二幢三楼
ADD: 3RD FLOOR,2ND BLOCK,DITAO BUILDING,GUIHUA ROAD,
FREE DUTY ZONE,FUTIAN DISTRICT,SHENZHEN,CHINA
TEL: +86 755 83857711 FAX: +86 755 83857555
E-MAIL: SHARCH@126.COM
WWW.SHARCH.NET WWW.SHARCH.ORG

∏∏∏ 長廈安基
ARCH-AGE DESIGN
BUILDING DREAM

倡 行 产 品 理 念
主 张 建 筑 价 值

我们的设计服务关注

产品竞争策略、溢价提升手段、成本控制优化、
设计建造周期、设计落地实现、创新产品研发、
服务响应速度……

官网 WEB： www.arch-age.cn

上海公司
电话 TEL：021-58839099
地址 ADD：上海市闸北区彭江路 602 号大宁德必易园 E 座 331 室

重庆公司
电话 TEL：023-63032268
地址 ADD：重庆市九龙坡区大坪商圈万科 023 创意天地 5 号楼 3F

重庆中航 MY TOWN C
长厦安基设计作品 实景拍摄

济南公司
电话 TEL：0531-88817823
地址 ADD：济南市 历下区经十东路 9777 号鲁商国奥城 4 号楼 1604

成都公司
电话 TEL：028-83377616
地址 ADD：成都高新区益州大道交子段 88 号中航国际广场 B 座 5A01-02

郑州公司
电话 TEL：0371-55395355
地址 ADD：郑州金水区农业路和金水路交叉口美盛中心 1405 室

贵阳公司
电话 TEL：185-8018-0301
地址 ADD：贵阳市南明区机场路 18 号亨特国际金融中心 15E

西安海亮·唐宁府

博雅 | 景 | 观 | 设 | 计
boya BOYALANDSAAPEDESIGN

Tel:+86-0755-83273366   Fax:+86-0755-82549793   E-mail:boyalandscape@aliyun.com   Http://www.boya-cn.cn/

深圳市福田区车公庙泰然九路皇冠科技园 5 栋 102-202

官方微信   官方微博

万千国际
VARCH INTERNATIONAL
地产精细化设计专家